Change Storys

Stephanie Selmer

Change Storys

Storytelling in Veränderungsprozessen

1. Auflage

Haufe Group
Freiburg · München · Stuttgart

Bibliografische Information der Deutschen Nationalbibliothek

Die Deutsche Nationalbibliothek verzeichnet diese Publikation in der Deutschen Nationalbibliografie; detaillierte bibliografische Daten sind im Internet über http://dnb.dnb.de/ abrufbar.

Print:	ISBN 978-3-648-15908-8	Bestell-Nr. 10823-0001
ePub:	ISBN 978-3-648-15909-5	Bestell-Nr. 10823-0100
ePDF:	ISBN 978-3-648-15910-1	Bestell-Nr. 10823-0150

Stephanie Selmer
Change Storys
1. Auflage, Dezember 2022

www.haufe.de
info@haufe.de

Bildnachweis (Cover): © fizkes, Adobe Stock

Produktmanagement: Anne Rathgeber
Lektorat: Maria Ronniger, Text+Design Jutta Cram, Augsburg

Inhaltsverzeichnis

Einleitung

Jedes Jahr erscheinen neue Studien und Umfragen dazu, wie viele Projekte im vergangenen Jahr erfolglos verliefen und wo die Gründe dafür lagen.[1] Je nach Branche unterscheiden sich die Zahlen geringfügig. Doch der Grundtenor ist der gleiche: Etwa 70 Prozent der gestarteten Change-Projekte scheitern oder werden unter dem geplanten Ziel abgeschlossen. Und einer der drei Hauptgründe ist immer die mangelhafte Kommunikation mit den einzelnen Stakeholdern.

Dabei sollte Kommunikation so einfach sein. Das meinen häufig auch die Projektverantwortlichen. Eine E-Mail zum Go-live-Termin des neuen Systems oder ein Handout zu einem neuen Prozess sollten doch reichen. Dabei vergessen sie schnell, dass sie den Entwicklungsprozess der Veränderung ganz anders wahrnehmen, weil sie an der Spitze stehen. Erfolgreiche Kommunikation in einem Change-Projekt ist also mehr als nur ein paar E-Mails und Handouts.

Vor fast zehn Jahren arbeitete ich als Freiberuflerin in einem Change-Projekt bei einem Finanzdienstleister. Weltweit sollte eine neue Kalkulationssoftware ausgerollt werden, mit der die »alten Hasen« im Unternehmen kaum zurechtkamen. Optisch glich das neue Programm dem alten in kaum einem Punkt. Dazu veränderten sich Prozesse, und die Möglichkeiten, für den Kunden verschiedene Anlageszenarien durchzurechnen, nahmen um ein Vielfaches zu.

Das Unternehmen verfolgte damit nicht das Ziel, Leute zu entlassen. Im Gegenteil: Die Verantwortlichen waren weiter händeringend auf der Suche und wollten ihre Mitarbeiterinnen und Mitarbeiter entlasten, die schon jetzt an der Grenze ihrer Belastbarkeit angekommen waren. Doch so weit dachte die Mannschaft gar nicht und war in der Sorge gefangen, dass Arbeitsplätze abgeschafft werden könnten.

Wir entwickelten eine einfache Geschichte um ein paar fiktive Mitarbeiter und Mitarbeiterinnen, die schöne Dinge außerhalb des Unternehmens unternahmen: Eine Frau, die mit ihrem jugendlichen Sohn ins Kino ging. Einen Mann, der gerade am Herd stand und die Tomatensoße abschmeckte, während ein kleines Mädchen erwartungsvoll zuschaute. Aus diesen alltäglichen Szenen kreierten wir eine Bilderstrecke, die die gesamte Kommunikation begleitete. Ohne dass wir noch explizit über Details sprechen mussten, verstanden die Mitarbeiter und Mitarbeiterinnen nach und nach die Botschaft: Das Projekt sollte sie zu genau solchen entspannten Menschen mit einem

1 Als Beispiele seien der Chaos Report 2015, verfügbar unter https://www.standishgroup.com/sample_research_files/CHAOSReport2015-Final.pdf, und »Die Bilanz des (Miss-)Erfolges in IT-Projekten«, verfügbar unter https://d-nb.info/99200375X/34, genannt.

funktionierenden Privatleben machen – es ging gar nicht darum, Personal abzubauen. Die Kommunikation wurde ein voller Erfolg und die Sorgen schwanden.

Auch wenn Storytelling durch den englischen Begriff modern wirkt, ist das Geschichtenerzählen tatsächlich beinahe so alt wie die Menschheit selbst. Schon in der Steinzeit wussten wir: Wer erzählen kann, wie er einem Feind entkommen ist, weiß, wie man überlebt. Praktisches Wissen war wichtiger als die theoretische Vorstellung.

Natürlich ist das auch im Business niemandem verborgen geblieben. Die Bereiche Marketing und Sales haben Storytelling als Erste eingesetzt. Wir kaufen etwas nicht, weil es das beste der angebotenen Produkte ist, sondern weil es für unser Unterbewusstsein kaum eine Alternative gibt. Denken Sie zum Beispiel an »Tempo« – ein Begriff, der für alle Papiertaschentücher steht. Seit dieser Effekt bekannt ist, schaffen Marketer Botschaften, die lange im Kopf bleiben. Seit Jahren besitze ich keinen Fernseher mehr. Und doch kann ich mich noch lebhaft an Werbung aus meiner Kindheit erinnern. Sie wissen sicher auch noch, wann man Aronal und wann Elmex benutzt oder dass das Auto in der Einfahrt nicht dem italienischen Kaffeeliebhaber Angelo gehört.

Auch im Recruiting ist das Storytelling angekommen. Mit guten Geschichten zeigen Unternehmen, wie interessant, spannend und abwechslungsreich die Arbeit bei ihnen ist. Eine gute Candidate Experience und ein starkes Employer Branding sind heute wichtig, um heiß begehrte Fachkräfte anzusprechen.

Change-Projekte jedoch werden nach wie vor von Stakeholderlisten, Zeitplänen und durchgeplanter, über alle Ebenen hinweg abgestimmter Kommunikation – also von Fakten – dominiert. Emotionen bleiben oft auf der Strecke. Dabei ist das einer der wichtigsten, wenn nicht sogar der wichtigste Punkt im ganzen Projekt. Wenn die Stakeholder nicht auf einer emotionalen Ebene angesprochen und motiviert werden, ist es unwahrscheinlich, dass sie eine Veränderung überhaupt mitmachen.

2020 hat *Porsche Consulting* die 100 größten deutschen Unternehmen zu ihren Transformationsvorhaben und ihren bisherigen Ergebnissen befragt.[2] Es ist nicht verwunderlich, dass ungefähr 65 Prozent der befragten Unternehmen in den nächsten Jahren Change-Projekte planen. Jedoch schätzen die Unternehmenslenker aktuell nur etwa 20 Prozent ihrer Vorhaben als erfolgreich ein. 77 Prozent der Unternehmen gaben bei der Frage nach den Gründen dafür mangelnde Kommunikation an. Wir machen also

2 https://www.porsche-consulting.com/de/medien/publikationen/detail/studie-change-management

weiterhin das Gleiche und erwarten andere Ergebnisse. Laut Albert Einstein ist das die reinste Form des Wahnsinns.

Change-Kommunikation ist vielfältig. So unterschiedlich, wie die Unternehmen sind, die an einer Transformation arbeiten wollen, und so verschieden, wie auch die Stakeholder sind – so unterschiedlich sind auch die Möglichkeiten der Kommunikation. Storytelling ist also bei Weitem nicht die einzige Möglichkeit, eine Veränderung zu unterstützen. Doch es ist die bislang am meisten unterschätzte.

Storys bilden eine Brücke zwischen dem Menschen und den Fakten. Sie machen es dem Empfänger leichter, über den reißenden Fluss der Veränderung zu gehen und sich auf der anderen Seite in Ruhe umzusehen. Doch dahinter steckt noch mehr: Eine gute Geschichte ist so fesselnd, dass sie die Gedanken lenkt und kaum andere Storys zulässt. Oder könnten Sie sich den »Herrn der Ringe« mit einem alternativen Ende vorstellen? Das heißt, dass mit dem Storytelling eine große Verantwortung einhergeht. Wir wollen unsere Stakeholder nicht manipulieren. Das wäre der Fall, wenn wir für ein schlechtes Ergebnis eine gute Story verwenden.

Storytelling ist auch für Change-Projekte eine schnell einsetzbare Methode. Dafür müssen die Change-Verantwortlichen lediglich auf ein paar Dinge achten, denn das Storytelling für Marketing, Sales oder Recruiting lässt sich nicht einfach eins zu eins auf einen Change übertragen.

Dieses Buch bietet Ihnen eine strukturierte Vorgehensweise, mit der Sie eine erfolgreiche Change Story für Ihr Projekt entwickeln können. Schritt für Schritt gehen wir die wichtigen Entscheidungen im Entwicklungsprozess durch. Anhand von Fragenkatalogen und Checklisten erarbeiten Sie alle erforderlichen Informationen, werten sie anschließend aus und setzen sie zu einer Change Story zusammen, die genau zu Ihrem Unternehmen und Ihrem Projekt passt. So können Sie sicher sein, dass in der Entwicklung keine Lücken entstehen, die Sie im Nachhinein mühsam überarbeiten müssen.

Die Kommunikation in Ihrem Change-Projekt ist damit keine undurchsichtige Blackbox mehr. Anstatt sich auf das Glück zu verlassen, haben Sie eine solide Basis und jede Menge Möglichkeiten, die Story zu nutzen.

Im ersten Kapitel des Buches erkläre ich kurz, wie Storytelling wirkt und warum es bisher in Change-Projekten noch so gut wie gar nicht genutzt wird. Im zweiten Kapitel lernen Sie die Grundlagen kennen, die Sie benötigen, um eine Change Story zu erarbeiten. Das dritte Kapitel bringt Ihnen die verschiedenen Arten von Change Storys näher und endet mit der Entscheidung, welche Story-Art Sie für Ihr Projekt nutzen möchten. Das Change-Story-Framework stelle ich Ihnen im vierten Kapitel vor. Hier entwickeln wir die einzelnen Elemente Ihrer Change Story – ganz gleich, für welche Art von Story Sie sich entschieden haben. Im fünften Kapitel sehen wir uns an, wie Sie ausgearbeitete Elemente der Change Story in Ihre Kommunikation einfließen lassen können.

Zum Abschluss erhalten Sie im sechsten Kapitel 23 Ideen, wie Sie Ihre Change Story nun einsetzen können.

1 Was Sie über Storytelling wissen sollten

1.1 Welchen Sinn hat Storytelling?

1.1.1 Warum brauchen Unternehmen eine Change Story?

In Change-Projekten ist gute Kommunikation der Hebel, mit dem das ganze Projekt steht oder fällt: Selbst wenn jeder Roll-out gut geplant ist und alle technischen Voraussetzungen geschaffen sind – wenn die Nutzer sich nicht auf die Veränderung einlassen, ist sie zum Scheitern verurteilt.

In den meisten Fällen blockieren Menschen ein Veränderungsvorhaben nicht, weil sie generell gegen den Schritt sind. Sie verstehen auf der rationalen Ebene, dass eine Veränderung notwendig ist, um das Wachstum oder gar das Überleben des Unternehmens zu sichern. Die Blockaden entstehen im Unterbewusstsein und haben dann nichts mit der aktuellen Situation zu tun. Die Gründe liegen oft versteckt in der Vergangenheit oder sogar in Erfahrungen, die andere gemacht haben.

Change ist nicht diktierbar. Natürlich entscheiden die Unternehmer, welche Produkte oder Dienstleistungen angeboten werden, welche Prozessschritte durchlaufen werden müssen oder mit welchem Tool gearbeitet wird. Mitarbeiter und Mitarbeiterinnen beugen sich den Entscheidungen und handeln nach den Vorgaben. Um sie dauerhaft zu binden oder sogar für das Unternehmen als Arbeitgeber zu begeistern, reicht es aber nicht, das Handeln zu definieren. Es kann sogar sehr schädlich sein, wenn Menschen entgegen ihrer Überzeugung handeln sollen, weil das Unternehmen es so verlangt.

Unsere Change-Kommunikation beruht meist auf Zahlen, Daten und Fakten. Sie soll die Menschen informieren und auf der rationalen Ebene überzeugen. Das Problem daran ist: Mit Charts, Tabellen und Tortendiagrammen überzeugt man den Kopf, nicht den Bauch.

Eine Geschichte wirkt genau dort. Sie erreicht das Unterbewusstsein und bedient oder widerlegt eingefahrene Denkmuster. Es ist das stärkste und doch bisher am meisten unterschätzte Werkzeug für eine erfolgreiche Veränderung.

1.1.2 Warum Storytelling in Change-Projekten kaum vertreten ist

Viele Change-Verantwortliche haben das Problem erkannt und versuchen, die Mitarbeiter und Mitarbeiterinnen auch emotional für die Veränderung zur gewinnen. Erste Ansätze für Storytelling sehe ich heute immer wieder. Aber es herrscht auch die Angst, die alle Vorreiter haben: die Angst, Fehler zu machen.

Eigentlich paradox, denn gerade in den Change-Projekten sollten ja Neuerungen passieren. Offenbar verlassen sich die meisten noch immer auf die klassische Kommunikation ohne viele Emotionen. Dafür lassen sich auch zahlreiche Gründe finden: Dass man nicht alles neu machen und den Empfänger damit noch mehr verwirren möchte, ist einer davon. Ein anderer Grund, den ich für durchaus stichhaltig halte, ist die Zeit. In Change-Projekten hat man mitunter das Gefühl, neben einem Fahrrad her zu rennen, das einen Berg hinunterrollt. Der Weg wäre weniger anstrengend, wenn man einfach aufspringen und fahren würde. Doch dafür bleibt keine Zeit und Energie, man schafft es nur, so gerade eben Schritt zu halten.

Eine wirkliche Entschuldigung kann beides in meinen Augen jedoch nicht sein. Dem stehen nämlich die vielen gescheiterten Projekte entgegen, von denen ich eingangs sprach. Der wirtschaftliche Schaden daraus ist um einiges höher als der, den ein neuer Kommunikationsweg und die ausreichende Vorbereitung darauf verursachen könnten.

Im Marketing ist Storytelling schon gängig. Dort ist es weniger gefährlich, eine Story zu erstellen, die im ersten Schritt noch nicht ganz rund ist. Ein Shitstorm ist das Schlimmste, womit Unternehmen rechnen müssen. Doch auch in diesem Fall wandern nicht alle Kunden ab.

In der Unternehmenskommunikation und gerade in Veränderungsprozessen sieht das schon anders aus. Mitarbeiter und Mitarbeiterinnen beobachten jeden Schritt genau und ziehen schnelle Schlüsse. Sie vergessen nicht, wenn die Kommunikation in die falsche Richtung geht, besonders wenn sie damit eine schwierige Unternehmenskultur bestätigt.

Missverstandene Story

Ein mittelständisches Unternehmen mit ungefähr 250 Mitarbeiterinnen und Mitarbeitern möchte eine neue Zeiterfassungssoftware einführen. Die Unternehmenskultur ist geprägt von unterschwelligem Misstrauen. Führungskräfte überprüfen häufig, ob ihr Team arbeitet, und der sichtbare Anwesenheitsstatus im Messenger ist das Maß aller Dinge geworden. Wie auf einem Dashboard haben einige Führungskräfte immer das Adressbuch des Messengers im Blick und sehen sofort, wenn jemand nicht »auf Grün« steht.
Die erste Version der Story, die die obere Führungsetage entwickelt hat, zielt auf den Gewinn der Führungskräfte. Die Kernaussage ist: Ihre Führungskraft hat mit der neuen Software alles schneller und einfacher im Blick.
Die Mitarbeiter und Mitarbeiterinnen rebellieren. So haben sie sich das nicht vorgestellt. Sie wünschen sich eine vertrauensvolle Kultur – kein Tool, mit dem sie sich noch besser überwacht fühlen. Immer mehr von ihnen schauen sich nach neuen Jobs um. Noch bevor der Betriebsrat überhaupt über die Einführung entscheiden konnte, war die Entscheidung der Mitarbeiter und Mitarbeiterinnen bereits gefallen.

Eine gute Change Story fällt nicht einfach vom Himmel. Es reicht nicht, wenn die obere Führungsetage von einer Schiffsreise erzählt, auf die sich das ganze Unternehmen nun begibt, dass es die bekannten Häfen verlassen und durch stürmische Gewässer segeln muss. Die Schiffsreise ist tatsächlich der stark überstrapazierte Klassiker unter den schnell entwickelten Change Storys.

Eine Change Story muss gut durchdacht und sorgfältig entwickelt werden. In der Regel reicht es nicht, wenn nur eine Person sich darum kümmert. Die Kultur im Unternehmen ist vielschichtig, und so sollte auch die Geschichte sein, die bei den Mitarbeiterinnen und Mitarbeitern ein Umdenken einleiten soll.

1.1.3 Wo Storys heute schon gut funktionieren

Auf die Beispiele aus Marketing und Sales möchte ich gar nicht weiter eingehen. Der überwiegende Teil der Literatur, die Sie zum Storytelling finden können, befasst sich mit diesen Themen. Die Bücher unterstützen ihre Leser dabei, erste oder noch bessere Geschichten zu entwickeln, mit denen sie potenzielle Kunden von einem Produkt oder einer Dienstleistung überzeugen können.

Doch Storys werden auch an anderen Stellen schon erfolgreich genutzt, zum Beispiel in einem der trockensten Bereiche überhaupt: der Softwareentwicklung. Hier werden beispielsweise in Frameworks wie *Scrum* die Anforderungen der Nutzer in sogenannte Storys übersetzt, die alle nach einem ähnlichen Muster aufgebaut sind. Sie beginnen mit »Als Nutzer möchte ich ...« und beschreiben ein Verhalten, eine Funktion oder ein Design, über das die Anwendung verfügen soll. Mit einer ausführlichen Beschreibung, Screenshots und Mock-ups wird genau erklärt, was der Nutzer erreichen möchte, wie also ein Bildschirm aussehen oder ein Prozess funktionieren soll.

Das lässt dem Entwicklerteam die Freiheit, eine eigene Lösung zu entwickeln, und verhindert, dass alle starr in eine Richtung denken. Vieles ist erlaubt, wichtig ist lediglich, dass das Ziel erreicht wird. Es ist sogar möglich, andere Lösungen vorzuschlagen, auf die der Benutzer womöglich selbst noch gar nicht gekommen ist. Und ähnlich ist es ja auch in einem Veränderungsprozess: Wie die Veränderung in jedem und jeder einzelnen Betroffenen vorgeht, müssen wir gar nicht steuern. Unser Ziel ist lediglich, dass sie überhaupt stattfindet.

1.1.4 Warum Change Storys funktionieren

Grundsätzlich mögen die meisten von uns keine Veränderungen. Das lässt sich schon daran erkennen, dass wir uns darüber ärgern, wenn im Supermarkt umgeräumt wurde und die Dinge, die wir suchen, nicht mehr an dem Platz stehen, an dem wir sie vermuten. Eine solche Veränderung kostet Zeit, weil wir uns jetzt mit dem Suchen beschäftigen müssen, bis wir irgendwann die neue Ordnung übernommen haben und uns zurechtfinden. Solche Veränderungen finden im Außen statt. Wir *gehen* in den Supermarkt, wir *sind* nicht der Supermarkt.

Mit anderen Veränderungen kommen wir nicht ganz so schnell zurecht. Wenn sich unser Arbeitsplatz verändert und wir plötzlich mit vielen Kollegen und Kolleginnen in einem Großraumbüro arbeiten sollen oder wenn sich unsere Arbeitsprozesse und Verantwortlichkeiten verändern, weil unser Arbeitgeber die IT-Landschaft umstellt, greifen Änderungen unser Inneres an. Das liegt daran, dass wir uns als Teil des Unternehmens verstehen. Die Veränderung kratzt an Werten und am Selbstwert. So könnten wir uns fragen: »Wie wertvoll bin ich für meinen Arbeitgeber, wenn ich nicht mehr mit meiner Kollegin in einem Zweierbüro sitze, sondern in einem großen Raum mit 20 anderen?« Diese und ähnliche Gedanken fachen sich gegenseitig an und bringen eine gedankliche Abwärtsspirale in Gang, die immer wieder in der elementarsten Frage endet: »Braucht man mich hier überhaupt noch?« Menschen, denen diese Fragen nicht schnell beantwortet werden, leben in ständiger Unsicherheit.

Wenn die Veränderung also so viel tiefer geht und so emotional ist, muss sie auch auf der emotionalen Ebene kommuniziert werden. Dafür sind Geschichten ideal. Sie transportieren Emotionen, ohne die Verbindung zwischen dem Sender und dem Empfänger zu belasten. Im Gegenteil: Geschichten heben die Kommunikation auf eine andere Ebene. Sie trennen die Emotionen von den Fakten, ohne sie aus den Augen zu verlieren.

Das funktioniert deshalb so gut, weil wir Menschen schon seit Urzeiten Geschichten erzählen – aus mehreren Gründen. Gemeinschaft ist nicht nur ein Luxus, sondern ein Grundbedürfnis. Wir Menschen sind nicht dafür gemacht, allein durchs Leben zu gehen. Das Erzählen von Geschichten zeigt jedem einzelnen Mitglied der Gemeinschaft: Wir gehören zusammen, du darfst wichtige Informationen bekommen. Und wichtig waren die Informationen damals auf jeden Fall. Es ging häufig darum, wie der Erzähler Feinde besiegt und Beute erlegt hat, also ums nackte Überleben.

Unsere Amygdala, der sogenannte Mandelkern, hat sich seit dieser Zeit nicht verändert. Sie ist Teil des limbischen Systems und zuständig für unsere Furchtkonditionierung. Die Amygdala hilft uns dabei, Situationen auf mögliche Gefahren hin zu analysieren, und damit auch dabei, zu überleben. Dieses lebenswichtige Stück unseres Gehirns hat jedoch seit ungefähr 70.000 Jahren kein Update mehr bekommen.[3]

3 Flannelly, Kevin J. (2017): Religious beliefs, evolutionary psychiatry, and mental health in America. Springer, S. 128; https://www.teachsam.de/psy/psy_wahrn/psy_wahrn_2_3_2_1.htm

Alle heute gängigen Kommunikationsmethoden, wie dedizierte Sprache oder Schrift, kamen erst später dazu und wurden sozusagen auf ein »altes Betriebssystem« installiert. Unser Gehirn funktioniert also noch immer wie zur Zeit der frühen Menschen. Aus diesem Grund begleiten Geschichten uns auch heute noch in allen Bereichen unseres Lebens. Und sie beeinflussen, wie wir uns fühlen und wie wir handeln.

Stellen Sie sich die Kommunikation in Veränderungsprozessen durch Storys vor wie ein Team aus zwei Bergsteigern: Beide Bergsteiger klettern für sich, sind jedoch durch ein Seil miteinander verbunden, um sich gegenseitig zu sichern. In den meisten Fällen führt der Bergsteiger »Fakten«, der Bergsteiger »Emotionen« klettert hinterher. Der Bergsteiger »Emotionen« ist immer skeptisch, ob der Weg richtig ist, den der andere Bergsteiger eingeschlagen hat. Er macht Pausen, erforscht das Terrain und prüft, ob es auch andere Wege gibt, die zum Ziel führen. Häufig fragt er sich sogar, ob es überhaupt notwendig ist, diesen Berg hinaufzuklettern, oder ob man nicht lieber unten bleibt. Der Bergsteiger »Fakten« hingegen bestimmt das Tempo. Er klettert voran und zerrt am Seil. Ihm geht das alles zu langsam, er versteht nicht, warum der andere Bergsteiger so viel mehr Zeit braucht.

Mit einer Change Story lassen wir den Bergsteiger »Emotionen« einen eigenen Weg klettern. Er ist nach wie vor mit dem Bergsteiger »Fakten« verbunden, doch nun hat er die Möglichkeit, einen eigenen Weg zu finden. Dadurch fühlt er sich auf dem ganzen Weg sicherer. Beide können das Tempo anziehen und erreichen den Gipfel.

Kommunikation mit einer Change Story will also nicht die Fakten komplett außer Acht lassen, sondern setzt zusätzlich auf einen weiteren Weg. Emotionen sind nicht mehr nur ein Anhängsel der Kommunikation über Fakten, sondern bekommen einen eigenen Platz in der Kommunikation.

Mitarbeiter und Mitarbeiterinnen, die von einer Veränderung betroffen sind, benötigen an einzelnen Punkten ihres persönlichen Veränderungsprozesses ganz unterschiedliche Informationen. Mal überwiegen die Emotionen, ein andermal überwiegen die Fakten. Haben in der Kommunikation beide Aspekte Platz, können alle Betroffenen angesprochen werden.

1.2 Was macht eine gute Change Story aus?

Wir bemerken recht schnell, ob wir es gerade mit einer guten oder mit einer schlechten Geschichte zu tun haben. Gute Geschichten fesseln uns – wir wollen unbedingt weiterlesen. Wir müssen einfach wissen, was im Laufe der Geschichte passiert. Schlechte Geschichten sind von Anfang an langweilig. Sie interessieren uns nicht weiter und wir folgen der Geschichte nur, wenn wir das unbedingt müssen. Jeder, der schon mal ein Compliance-Training in einem Unternehmen mitgemacht hat, weiß, wovon ich spreche.

Aber was unterscheidet eine gute von einer schlechten Story und wie wird eine Story richtig gut? Es gibt ein paar Punkte, die jede gute Story mit sich bringt. Und es gibt noch ein paar Punkte, die aus einer guten Story eine gute Change Story machen.

1.2.1 Don't make me think. Don't make me ask. Don't make me wait.

Unsere Welt ist schnelllebig geworden. Dauernd prasseln neue Informationen auf uns ein, Menschen wünschen sich immer einfachere Produkte, einfachere Dienstleistungen und auch einfachere Geschichten. Da ist es nicht verwunderlich, dass ein simpler Grundsatz bestehend aus drei Sätzen in der Kommunikation inzwischen zum Maß aller Dinge geworden ist:

Don't make me think. Don't make me ask. Don't make me wait.

Gute Storys sind einfach zu verstehen. Den Begriff des »geistigen Kalorienverbrennens« habe ich mal irgendwo auf einem Seminar gehört. Ich kann mich leider nicht mehr daran erinnern, wer ihn geprägt hat, aber der Begriff geht mir nicht mehr aus dem Kopf. Genau das ist es, was wir erreichen müssen: Unsere Story muss im Kopf der Empfänger sein, ohne dass sie unnötig geistige Kalorien verbrennen, also ohne dass sie unnötig viel überlegen müssen, um sie zu verstehen.

Lassen wir also die Empfänger unserer Change Story nicht allzu viel nachdenken. Sie haben genug um die Ohren – den ganzen Tag lang. Projekte, Meetings, Deadlines und Reports fordern viel Zeit und Aufmerksamkeit. Menschen sehnen sich nach einfachen Dingen, die sie konsumieren können, ohne sich anstrengen zu müssen. Oder wie können Sie sich erklären, dass »Bauer sucht Frau« gerade die 17. Staffel ausstrahlt?

Unter den Grundsatz »Don't make me think« fallen alle Dinge, die ein *Nachdenken* erfordern, damit ein Produkt oder in unserem Fall eine Geschichte verstanden wird, oder die sogar Interpretationsspielräume und damit unterschiedliche Nutzungsmöglichkeiten oder Sichtweisen bieten.

Um gut zu wirken, darf eine Story auch keine *Nachfragen* erzeugen. Das ist eng mit dem ersten Punkt verwandt, ergänzt ihn jedoch um alles, was der Empfänger auch mit Nachdenken nicht lösen kann. Dazu gehören Fachbegriffe, Phrasen, Abkürzungen oder Begriffe in Fremdsprachen, die wenigstens ein Teil der Empfänger nicht versteht.

Fachchinesisch

In einem Workshop erzählte mir ein Team von Softwareentwicklern vor einiger Zeit, dass sie auch an der Change Story gearbeitet hätten. Der Text war gespickt mit Fachbegriffen aus der Softwareentwicklung. Wir holten einen Tester dazu, einen Kollegen aus der Buchhaltung, der sich bereit erklärt hatte, die Story gegenzulesen. Sein Feedback war, dass er praktisch keinen Satz verstanden hatte.

Eine gute Story ist außerdem abwechslungsreich. Wir möchten miterleben, wie sich die Geschichte weiterentwickelt. Was passiert im nächsten Schritt mit der Hauptfigur? Wer kommt noch auf den Plan? Und hat sie die Möglichkeit, ihr Ziel wirklich zu erreichen? Dreht sich Ihre Change Story um eine Person, möchte niemand ihren detaillierten Tagesablauf erfahren, wenn doch nur einzelne Stellen, besonders die Wendepunkte, interessant sind.

Lassen Sie die Empfänger Ihrer Change Story also nicht zu lange auf die wichtigen Stellen in Ihrer Change Story *warten*.

1.2.2 Befeuern Sie die Fantasie

Sie kennen sicher auch diese Meetings, in denen vorn jemand steht und jeden Satz von einer PowerPoint-Präsentation abliest, die er gerade allen Zuhörern zeigt. »Betreutes Vorlesen« nennen viele scherzhaft diesen Zustand. Dahinter steckt wohl die Angst, etwas zu vergessen und dass irgendeine Information untergeht, wenn sie nicht noch einmal extra ausgesprochen wird. Nur wird die Präsentation für den Zuhörer nun gähnend langweilig.

Viele Storyteller machen am Anfang genau diesen Fehler: Sie beschreiben jedes Detail und lassen dem Zuhörer nicht die Möglichkeit, vor seinem inneren Auge einen Film aufzubauen.

Vor einiger Zeit hörte ich in einem Storytelling-Seminar zum Marketing den Satz: »Wichtiger als die Geschichten, die wir unseren Kunden über uns erzählen, sind die Geschichten, die sich unsere Kunden selbst über uns erzählen.« Die Aussage ist so einfach wie genial und lässt sich eins zu eins auf das Storytelling im Change übertragen. Viel stärker als alles, was wir unseren Nutzern wirklich erzählen, wirkt das, was als innerer Film bei ihnen entsteht.

Das schaffen Sie auf vielerlei Weise. Erzählen Sie zum Beispiel nur von den besagten Wendepunkten. Bauen Sie aber auch bewusst innere Bilder auf, indem Sie Details beschreiben:

Klaus ging den gruseligen Hotelflur entlang. Oder: *Der muffig riechende Teppich im Hotelflur hatte schon bessere Zeiten gesehen, doch er dämpfte zuverlässig Klaus' Schritte. Eine der Neonröhren an der Decke knackte und flimmerte.*

Diese Details decken die menschlichen Sinne ab. Plötzlich können Ihre Zuhörer den muffigen Teppich förmlich *riechen.*

1.2.3 Achten Sie auf Kongruenz mit den Zielen des Projekts

Change-Kommunikation und damit auch die Change Story müssen authentisch sein. Wichtiger als Authentizität ist mir an dieser Stelle jedoch die Kongruenz mit dem restlichen Auftreten und den Zielen des Projekts.

Es ist absolut unerlässlich, dass Sie mit dem ganzen Projekt die gleichen Werte darstellen, die auch in Ihrer Change Story vorkommen. Wenn Sie Ihren Nutzern von Zuverlässigkeit erzählen, ist die auch für Ihre Kommunikation wichtig. Auch Transparenz oder Schnelligkeit sind häufig genannte Punkte für gute Change-Kommunikation – und damit sollten Sie sie auch selbst leben.

Auch Effekte Ihres Projekts sollten sich in Ihrer Change Story wiederfinden lassen. Wenn es eine Nebenwirkung Ihres Projekts ist, dass Sie die Mitarbeiterzahl reduzieren müssen, was durchaus vorkommen kann, darf Ihre Change Story Ihre Mitarbeiter und Mitarbeiterinnen nicht in falscher Sicherheit wiegen.

2 So entsteht eine gute Change Story

2.1 Was Sie benötigen, um eine gute Change Story zu erarbeiten

Ich erwähnte schon, dass eine gute Change Story nicht vom Himmel fällt. Sie zu entwickeln bedeutet harte Arbeit und ist nicht an einem Tag getan. Im Gegenteil: Eine Change Story verändert sich mit der Zeit sogar. Das heißt, dass die erste Story, mit der Sie in den Veränderungsprozess starten, oft nur der Anfang ist.

Man nehme … Ist ein Rezept, das mit diesen Worten beginnt, nicht schon von Anfang an vertrauenserweckend? Es ist klar, dass darauf eine Erklärung folgt, welche Zutaten man wie zusammenmischen und verarbeiten muss, um hinterher einen wunderbaren Kuchen oder ein leckeres Abendessen servieren zu können. Die besten Rezepte sind einfach und gelingen immer.

Echte Changemaker brauchen auch ein solches Rezept – einen einfach anzuwendenden Algorithmus, der Schritt für Schritt abgearbeitet genau das ergibt, was Kommunikation in der Veränderung ausmacht. Aus diesem Grund habe ich das Change-Story-Framework entwickelt. Alle Punkte, die für die Entwicklung einer Change Story erforderlich sind, werden hier betrachtet. Der Verantwortliche für die Veränderungskommunikation arbeitet sie Schritt für Schritt mit seinem Kommunikationsteam ab.

Sie brauchen …

2.1.1 Sie brauchen ein Team

Bitte entwickeln Sie Ihre Change Story nicht allein, sondern immer im Team. Diversität ist derzeit nicht umsonst einer der wichtigsten Werte in Unternehmen. Sie bringt verschiedene Blickwinkel in die Zusammenarbeit und betrachtet die Veränderung aus der Perspektive ganz unterschiedlicher Menschen. Diverse Kommunikationsteams entdecken die meisten Wünsche, Ängste und Sorgen der Betroffenen einer Veränderung und können mit vielfältigen Lösungen darauf eingehen.

Suchen Sie für dieses diverse Team am besten Menschen aus unterschiedlichen Bereichen Ihres Unternehmens zusammen. So lassen Sie jede Sichtweise, die es in Ihrem Unternehmen gibt, in die Change Story einfließen.

Vermutlich suchen Sie erst einmal nach den Vordenkern in Ihrem Unternehmen, also nach Menschen, die gern etwas Neues ausprobieren möchten. Naturgemäß ist es in manchen Abteilungen schwierig, solche Mitarbeiter und Mitarbeiterinnen zu finden. Wem Sicherheit besonders wichtig ist und bei wem sich das auch in der Auswahl seines Arbeitsplatzes widerspiegelt, möchte möglicherweise nicht Vordenker in einem Change-Prozess sein. In diesem Fall können Ihnen Menschen helfen, die in ihrer Abteilung sehr gut vernetzt und für ihre Kollegen häufig die erste Anlaufstelle bei Fragen sind. Versuchen Sie, diese Personen für Ihr Projekt zu gewinnen.

Die folgende Checkliste kann Ihnen bei der Suche nach Ihrem perfekten Change-Story-Team helfen. Ergänzen Sie sie unbedingt, wenn Ihnen spezielle Punkte einfallen.

Checkliste

- Die Personen sind gut vernetzt. Beispielsweise gehen sie immer wieder mit unterschiedlichen Kollegen und Kolleginnen in die Mittagspause oder werden regelmäßig als Ansprechpartner genannt, wenn man mit einem Problem nicht weiterkommt.
- Sie sind kreativ. Klare Prozesse können hilfreich sein, doch manche Probleme lassen sich nur mit einer gewissen Portion Kreativität lösen. Sie wissen das und können ihre Kreativität gezielt einsetzen.
- Sie sind kritisch. Gerade dieser Punkt mag Ihnen anfangs ein wenig Sorge bereiten. Doch Sie suchen nach einer Change Story, die von der Mehrheit Ihrer Mitarbeiter und Mitarbeiterinnen angenommen wird. Dafür ist es wichtig, dass das Team bestehende Strukturen und Hierarchien kritisch betrachten darf.
- Sie sind loyal. Gute Change-Story-Entwickler haben sich mit der Vision des Unternehmens verbunden. Sie wissen, warum sie jeden Morgen aufs Neue aufstehen und ihre Arbeit machen. Damit verfolgen sie ein größeres Ziel und das macht sie zu loyalen Mitarbeiterinnen und Mitarbeitern.
- Sie sind zukunftsorientiert. Selbst wenn die Veränderungen ihnen Angst machen, haben sie begriffen, dass sie notwendig sind. Diese Mitarbeiter und Mitarbeiterinnen versuchen auf der einen Seite eher halbherzig, die Veränderung zu boykottieren, auf der anderen Seite begreifen sie aber auch, dass es nicht so bleiben darf, wie es ist.

2.1.2 Sie brauchen genug Zeit

Es ist utopisch zu glauben, dass man innerhalb weniger Stunden eine gute Story entwerfen kann. Sie benötigt viel Recherche und es braucht Zeit, den ganzen Input sacken zu lassen.

Die besten Ideen kommen bekanntlich unter der Dusche. Warum ist das so? Weil unser Unterbewusstsein die Möglichkeit hat, mit den Gedanken herumzuspielen, ohne dass wir gezwungen sind, ein Ergebnis hervorzubringen. Eine gute Change Story lässt sich nicht im Laufe eines einzigen Workshops kreieren.

Das heißt aber nicht, dass Sie das Ganze einfach laufen lassen sollten. Die Entwicklung braucht einen Rahmen und festgelegte Aktionen. Legen Sie Meilensteine dafür fest und lassen Sie zwischen den einzelnen Terminen ausreichend Zeit, in der sich die Change Story in den Köpfen der Teilnehmer weiterentwickeln kann.

Stellen Sie außerdem sicher, dass die initiale und weitere Entwicklungen der Change Story im Arbeitsplan des Entwicklungsteams enthalten sind. Niemand schafft es, gute Kommunikation einfach nebenbei zu entwickeln. Außerdem sind Ihre Mitarbeiter und Mitarbeiterinnen motivierter, wenn ihre Arbeit wertgeschätzt wird.

Folgende Überlegungen können Ihnen helfen, Zeit für das Entwicklungsteam Ihrer Change Story freizuschaufeln:

Checkliste

- Welchen Vorteil erhoffen Sie sich durch die Change Story?
- Halten Sie Ihr Team für handlungsfähig? Fehlt noch jemand, ist jemand zu viel?
- Was ist Ihnen gerade wichtiger als die Change Story und warum? Darf das etwas in den Hintergrund rücken oder ist es wirklich so wichtig?
- Wie lange darf in Ihren Augen die Entwicklung der Change Story dauern? Was passiert danach?
- Fragen Sie die Mitglieder Ihres Entwicklungsteams danach, wie viel Zeit sie mit unproduktiven Meetings oder Routineaufgaben verbringen, die andere für sie übernehmen oder die automatisiert werden könnten. So lassen sich Zeitfenster identifizieren, die für die Arbeit an der Change Story genutzt werden können.

2.1.3 Sie brauchen gute Personae

Machen Sie sich bewusst, für wen Sie Ihre Change Story entwickeln, und entwerfen Sie auf dieser Grundlage Personae.

Eine Persona ist ein typischer Stellvertreter einer bestimmten Zielgruppe. Personae stehen vor Herausforderungen, haben Erfahrungen, Ziele und Wünsche. Sie sind aber nicht der Durchschnitt der Zielgruppe, sondern fiktive Personen, die bestimmte Eigenschaften mit den echten Nutzern gemeinsam haben.

Eine Persona kann nicht alle Betroffenen Ihrer Veränderung beschreiben. Deswegen ist es sinnvoll, gleich mehrere Personae zu entwickeln und die Change Story auf sie abzustimmen. Das hat den Vorteil, dass Sie jeden Aspekt der Change Story für eine bestimmte Persona schreiben können, indem Sie die Fragen zu den einzelnen Elementen des Change-Story-Frameworks (vgl. Kap. 4.2) mit den Augen dieser Persona betrachten.

Das bedeutet nicht, dass Sie mehrere Versionen der Story brauchen oder gar kommunizieren. Vielmehr sollen Sie schon von vornherein die Fragen für das Change-Story-Framework aus der Perspektive verschiedener Personen betrachten. Das wird vielleicht anhand eines kleinen Beispiels deutlich: Bei der Arbeit mit dem Change-Story-Framework bitte ich Sie an einer Stelle darum zu beschreiben, wie eine Person beim Erreichen des Unternehmensziels mitwirkt (vgl. Kap. 4.2.1.1). Wenn Sie im Vorfeld verschiedene Personae erstellt haben, werden Sie hier unterschiedliche Antworten finden. So sieht sich ein Mitarbeiter in der Produktion vielleicht dafür verantwortlich, die Produkte in der bestmöglichen Qualität herzustellen, um so die Kunden zu begeistern, eine Mitarbeiterin der Buchhaltung sieht ihre Aufgabe eventuell darin, den Zahlungslauf möglichst kurz zu halten, um so das Ansehen des Unternehmens bei Lieferanten zu steigern, und ein Mitglied des Betriebsrats kann möglichweise sagen, dass es in dieser Funktion ein gutes Arbeitsklima unterstützen will, das nach und nach ansprechend auf neue Talente wirkt.

All diese Aussagen sind nicht widersprüchlich zueinander. Sie betrachten die Zielerreichung des Unternehmens nur aus unterschiedlichen Perspektiven.

Für die Entwicklung der Story sind alle Fragen wichtig, die sich auf die Arbeit beziehen – nicht nur die Aufgaben selbst, sondern auch die Beziehungen im Unternehmen, die Einstellungen zur Unternehmensvision oder Fragen zum Führungsverhalten und zum Umgang mit Kollegen. Es sind aber auch Fragen nach dem Privatleben wichtig. Arbeit und Privates lassen sich nun mal doch nicht so einfach voneinander trennen, sodass das Privatleben durchaus Einfluss auf den Umgang mit Veränderungen hat. Wer zum Beispiel außerhalb der Stadt wohnt und derzeit jeden Tag zwei Stunden zur Arbeit pendelt, der wird sich vermutlich über den technischen Ausbau der Homeoffice-Möglichkeiten freuen. Wer zu Hause mit drei Kindern in einer Wohnung ohne Balkon arbeiten müsste, sieht das wahrscheinlich anders.

Folgende Fragen können Ihnen bei der Entwicklung von Personae helfen:

Checkliste

- Welches Geschlecht hat Ihre Persona?
- Wie lange ist sie schon im Unternehmen?
- In welcher Abteilung arbeitet sie in welcher Position und welche Aufgaben hat sie inne?

- Was mag sie an ihrer Arbeit?
- Was mag sie am Unternehmen?
- Was mag sie nicht?
- Was lässt sie bei der Arbeit mit Sicherheit aus der Haut fahren?
- Wie sind ihr Führungsstil und der Umgang mit Kollegen und Vorgesetzten?
- Wie und wo lebt sie?
- Was sind ihre Hobbys?
- Was sind ihre größten Ängste und Sorgen und warum?
- Was sind wiederum die größten Hoffnungen und warum?

Beispiel: Personae

Ines

Ines ist Mitarbeiterin in der Kreditorenbuchhaltung. Sie hat erst vor zwei Jahren dort angefangen, ihre Ausbildung zur Kauffrau für Büromanagement hatte sie kurz zuvor in einem anderen Unternehmen abgeschlossen. Ihre Hauptaufgabe ist die Rechnungsprüfung und die Rücksprache mit Lieferanten, sollten während der Prüfung Fragen auftreten.
Die typische Unterscheidung eines Berufs, den man »mit Menschen« oder »mit Zahlen« ausführt, hat ihr nie gepasst. Sie glaubt, dass man auch in einem Beruf, in dem man mit Zahlen arbeitet, gute menschliche Kontakte braucht und umgekehrt. Deswegen mag sie die Rechnungsprüfung und die Rücksprache so gern. Sie sieht sich als Dienstleister der Lieferanten. Damit eckt sie manchmal an, denn nicht alle ihre Kollegen und Kolleginnen haben das gleiche Verständnis. Im Großen und Ganzen wird sie dafür jedoch geschätzt, weil sie auch ihnen gegenüber sehr loyal ist.
Schon bevor sie sich im Unternehmen beworben hat, wusste sie einiges über die Unternehmenskultur. Eine ihrer Freundinnen arbeitet in einer anderen Abteilung. Das Ziel des Unternehmens gefällt ihr sehr und sie kann sich damit identifizieren.
Sie lebt in einer Wohnung in der Innenstadt. Der kurze Arbeitsweg gefällt ihr, denn sie mag es praktisch. Auch dass rundherum fast alle Geschäfte sind, die sie für ihre täglichen Einkäufe braucht, findet sie gut. Sie hat noch keine Familie. Wenn ihr Freund und sie sich jedoch irgendwann dazu entschließen, zusammenzuziehen, werden sie gleich eine Wohnung in einer ruhigeren Gegend suchen. Einmal in der Woche geht sie schwimmen. Das hilft ihr, den Kopf frei zu bekommen.
Ines mag Routinen und Sicherheit. Es ist ihr wichtig, in einem Unternehmen zu arbeiten, mit dem sie sich identifizieren kann und in dem sie eine gute Beziehung zu ihren Kollegen und Kolleginnen hat. Sie weiß auch, dass es eine Weile dauern kann, bis man so etwas findet. Wenn sie eine neue Stelle finden müsste, wäre das schon eine Sorge. Jedoch fühlt sie sich recht sicher und fürchtet nicht, ihre Arbeit zu verlieren.

Stefan

Stefan arbeitet im First-Level-IT-Support. Er nimmt Anrufe von Mitarbeitern und Mitarbeiterinnen entgegen und versucht, ihnen bei ihren Problemen zu helfen. Er arbeitet mittlerweile seit fast fünf Jahren im Unternehmen.

Eigentlich fühlt er sich ganz wohl, weil er weiß, dass sein Job sicher ist. Mitarbeiter im IT-Support werden dauernd gesucht. Oft ärgert er sich aber auch. Dabei geht es um die Nutzer, die Fragen stellen, als hätten sie sich noch nicht selbst Gedanken um eine mögliche Lösung gemacht. Noch mehr wurmen ihn allerdings die internen Prozesse. Er hat schon lange einige Ideen, wie man den gesamten Support-Prozess besser machen könnte. Bislang hatte sein Chef aber dafür kein offenes Ohr.
Natürlich weiß er, was das Unternehmen macht. Grundsätzlich findet er das auch gut. Aber er fragt sich manchmal, ob es nicht egal wäre, ob er bei seinem jetzigen Arbeitgeber bliebe oder er sich etwas ganz Neues suchte. Deswegen schaut er ab und zu in die Stellenanzeigen der Unternehmen in der Gegend.
Er wohnt am Stadtrand und fühlt sich dort wohl. Zwar braucht er sein Auto, dafür ist er aber in wenigen Minuten überall, wo er hinmöchte: in der Innenstadt, auf der Autobahn oder eben bei der Arbeit.
Stefan hat Kontakt zu seinen Kollegen im Support. Viele weitere Kontakte hat er im Unternehmen nicht. Er wüsste auch nicht, worüber er sich mit den Leuten unterhalten könnte.
Eigentlich hat er keine Sorgen, was seine Arbeit angeht. Doch wenn er unbedingt etwas nennen sollte, würde er sagen, dass ihm die Auslagerung des First-Level-Supports an einen externen Dienstleister Sorgen bereiten würde. Doch selbst wenn das passiert, findet er sicher schnell einen anderen Job.

2.1.4 Sie brauchen ein Muster

Es gibt mehrere Möglichkeiten, eine Geschichte aufzubauen. Die Heldenreise ist wahrscheinlich der Klassiker und weithin bekannt. Viele Filme orientieren sich an ihr und sie ist vielfach auch im Storytelling erprobt. Ein Held, der ursprünglich gar nichts vorhatte, geht auf die Reise, folgt einem Ruf und erlebt ein Abenteuer. Dabei trifft er einen Mentor, mit dem er einen Plan zur Umsetzung seines Ziels erstellen kann. Bis zum Schluss schwankt die Geschichte zwischen Gelingen und Nichtgelingen.

Andere gängige Plots sind beispielsweise »Vom Tellerwäscher zum Millionär« oder »Ausbruch und Flucht«. Beide sind in meinen Augen für eine Change Story eher ungeeignet. Der Tellerwäscher schafft es meist durch harte Arbeit und eine Portion Glück an der passenden Stelle, sich zum Millionär hochzuarbeiten. Es geht dabei um eine einzelne Person, die gegen den Rest der Welt kämpft. Am Ende der Geschichte hat sie in der Regel lediglich ihre eigene Stellung in einer sonst gleichen Umgebung verändert, die Welt also nicht zu einem besseren Ort gemacht. Die Veränderung ist damit nur auf eine einzelne Person beschränkt. Im Muster »Ausbruch und Flucht« ist die Hauptperson meist zu Unrecht eingesperrt und muss sich von den Fesseln befreien. Bei einem glücklichen Ende löst sie sich komplett aus dem bestehenden System. Beides sind vermutlich nicht die Botschaften, die Sie mit Ihrer Change Story transportieren möchten.

Eine andere Möglichkeit ist es, eine Geschichte entlang der Change-Kurve zu erzählen. Die Kurve, von Elisabeth Kübler-Ross in den 1960ern entwickelt, beschreibt die Gefühle von Menschen, die sich in einer zwanghaften Veränderung befinden. Dafür interviewte sie Menschen, die unheilbar krank waren und in naher Zukunft sterben mussten.

Im Business finden die einzelnen Phasen insoweit ebenso Anwendung, als dass die meisten Angestellten kaum die Möglichkeit sehen, auf die Veränderung Einfluss zu nehmen. Selbst eine von der Geschäftsleitung angestrebte Veränderung, wie ein weiterer Schritt in Richtung digitaler Prozesse, hat in der Regel den Hintergrund, dass der Markt diesen Schritt notwendig macht.

In der ersten Phase werden Mitarbeiter und Mitarbeiterinnen mit dem Veränderungsvorhaben konfrontiert und stehen unter Schock. Sie verstehen nicht, dass eine Veränderung notwendig sein könnte, denn die aktuellen Prozesse nehmen sie als gut funktionierend wahr. Dadurch entsteht die Neigung, die Veränderung kleinzureden und zu verneinen.

Die zweite Phase wird geprägt von Frustration und Widerstand. Allen ist nun bewusst, dass die Veränderung nicht mehr aufzuhalten ist. Unverständnis, Wut und Zorn machen sich breit und Widerstände werden größer. Für ein Unternehmen ist das die kritischste Phase im gesamten Veränderungsprozess. Es ist wichtig, diese Phase so kurz wie möglich zu halten, um wieder ins Handeln zu kommen. Je länger die Phase andauert, desto härter werden die Widerstände, desto unzufriedener und unproduktiver werden Mitarbeiter und Mitarbeiterinnen und desto mehr gute Mitarbeiter und Mitarbeiterinnen wollen das Unternehmen verlassen.

In dieser zweiten Phase sollten Sie Ihre Change Story schon anwenden. Sie sollte jetzt allen Mitarbeitern und Mitarbeiterinnen sichtbar werden, sie sollten sich mit ihren eigenen Erlebnissen aus der ersten und zweiten Phase in der Geschichte wiederfinden.

Mit der dritten Phase folgt die Einsicht, dass die Veränderung nicht nur unabwendbar, sondern auch notwendig ist. In dieser Phase wird ausgelotet, was vom Alten noch bleiben kann.

Die vierte Phase beschreibt den Tiefpunkt im Veränderungsprozess: die Trauer um die Dinge, die sich nun verändern werden und die nicht weiter verhandelbar sind, und die Depression, die damit einhergeht. Für diese Phase wird häufig der Begriff »Tal der Tränen« verwendet.

Die letzte Phase ist die der Zustimmung und Umsetzung. Die Mitarbeiter und Mitarbeiterinnen haben sich mit der Veränderung abgefunden, fangen an, sie zu begrüßen und ihr Arbeitsumfeld neu zu gestalten.

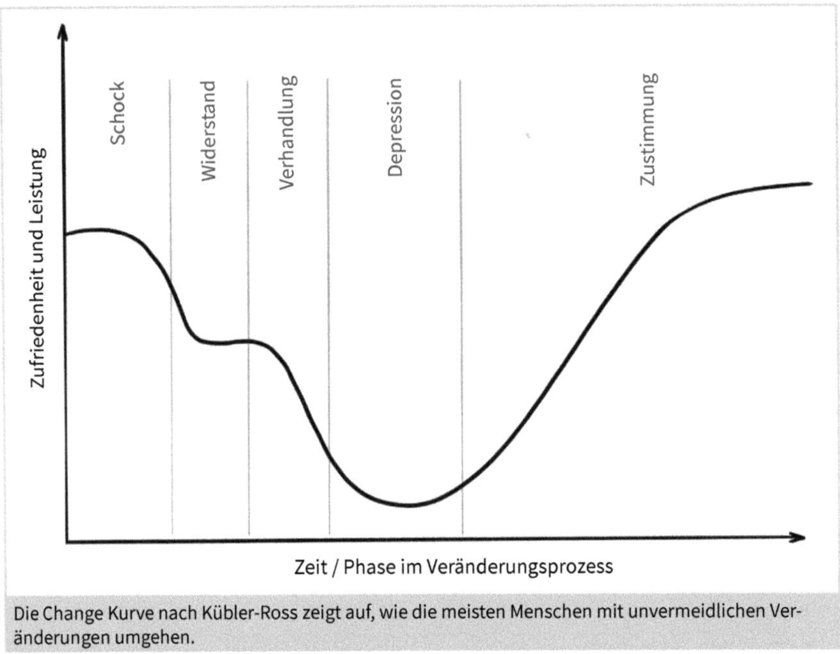

Die Change Kurve nach Kübler-Ross zeigt auf, wie die meisten Menschen mit unvermeidlichen Veränderungen umgehen.

Die Change-Kurve ist wichtig, um die Gefühle der Beteiligten in den verschiedenen Phasen zu verstehen. Besonders wichtig ist es zu wissen, dass nicht alle im gleichen Tempo die Kurve durchlaufen. Während ein Mitarbeiter also schon verhandelt, kann ein anderer noch in der Schockstarre und Verneinung verharren. Oder eine Mitarbeiterin befindet sich noch mitten im Tal der Tränen, während eine andere der Veränderung schon zustimmt und sie gestaltet.

Die Kommunikation aus dem Change-Projekt muss diesen unterschiedlichen Personengruppen in ihren jeweiligen Phasen gerecht werden. Zu bedenken ist außerdem, dass auch die Kommunikation untereinander zu Konflikten führen kann. Die einen fühlen sich unverstanden, die anderen nehmen ihre Kollegen und Kolleginnen als Bremsen wahr.

Für die Gestaltung des Veränderungsprozesses ist die Change-Kurve also essenziell. Um eine gute Change Story zu erstellen, bevorzuge ich jedoch das Storytelling anhand des Change-Story-Frameworks, das ich selbst entwickelt habe. Es vereint Elemente aus der Heldenreise mit denen aus der Change-Kurve und holt aus beiden Möglichkeiten das Beste heraus. Außerdem bietet es schon bei der ersten Erarbeitung den Stoff für den Projektfortschritt oder spätere Veränderungen.

2.1.5 Sie brauchen einen Prozess

Was wohl den meisten Storytellern anfangs fehlt, ist ein Prozess: eine Idee, wie sie starten können und welche Schritte sie gehen müssen, um nicht irgendwann zu bemerken, dass sie wichtige Punkte ausgelassen haben. Wie ich schon sagte, vermute ich sogar, dass die Angst vor dem vermeintlichen Scheitern der größte Hemmschuh ist und dass deswegen in Change-Projekten bisher kaum auf Storytelling gesetzt wird.

Ein solcher Plan entsteht nicht von heute auf morgen. Um eine Change Story zu entwickelt, brauchen Sie viele kleine Schritte. Es ist ein dauernder Kreislauf von Idee, Entwicklung, Test und Feedback. Ich brauche Ihnen sicher nicht zu sagen, dass es dabei immer wieder zu Rückschlägen kommt. Kein Prozess funktioniert von Anfang an reibungslos. Im Gegenteil: Wir lernen durch die Fehler, die wir machen. Beim nächsten Mal machen wir es eben besser. »Fail often, fail forward«, hat Steve Jobs gesagt, also: »Scheitere oft, scheitere dich vorwärts.«

Diese Vorstellung ist für Change-Verantwortliche alles andere als beruhigend. Das eigene Projekt ist zu wichtig, als dass man es sich erlauben könnte, Fehler zu machen und daraus zu lernen. Ich kann das gut verstehen und halte es für eine gesunde Einstellung. Dennoch lassen sich Fehler am Anfang kaum vermeiden.

Ich verrate Ihnen etwas: Auch ich habe jede Menge Fehler gemacht, als ich mit dem Storytelling für Change-Projekte angefangen habe. Ich habe allein gearbeitet, weil außer meinem Auftraggeber und mir niemand davon überzeugt war, dass Storytelling sinnvoll sei. Ich habe falsche Personae erstellt, weil ich mich nicht ausgiebig genug mit der Zielgruppe auseinandergesetzt hatte. Und ich habe Storys kommuniziert, die ich später aufwendig reparieren musste, weil sie so lückenhaft waren. Manchmal, mit all diesen Fehlern, war der Nutzen durch Storytelling gering. Aber niemals, nicht in einem einzigen Change-Projekt, das ich so begleitet habe, gab es entweder keinen Nutzen oder hat die Change Story gar etwas zerstört. Es hat sich immer etwas in die positive Richtung entwickelt, manchmal eben lediglich in kleinen Schritten.

Sie können also beruhigt sein. Jeder Ansatz von Storytelling macht Ihre Change-Kommunikation ein bisschen besser. Je besser Sie sich vorbereiten und je genauer Sie die Schritte durchgehen, die ich Ihnen gleich vorstelle, desto größer wird dieser Effekt.

2.2 Der Entwicklungsprozess einer Change Story

Im Folgenden beschreibe ich Ihnen kurz die Punkte, die Sie mit Ihrem Entwicklungsteam durchlaufen müssen, um Ihre eigene Change Story aufzubauen.

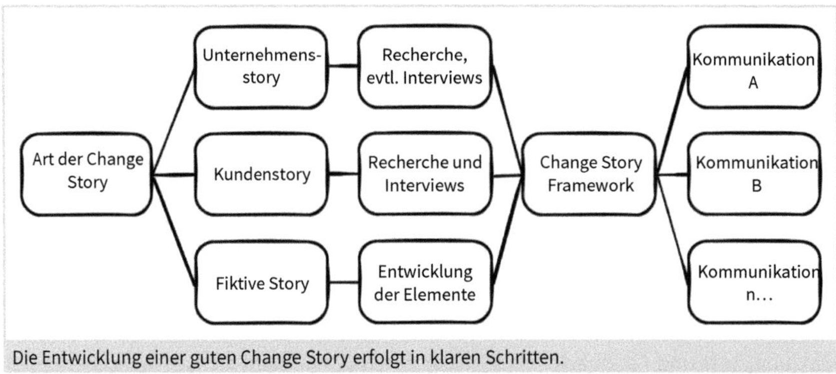

Die Entwicklung einer guten Change Story erfolgt in klaren Schritten.

Wir starten mit der Entscheidung, ob die Change Story eine reale, also eine Gründer- oder Kundenstory sein soll oder ob Sie eine fiktive Story nutzen möchten. Diese Entscheidung zu Beginn des Prozesses hilft Ihnen dabei, später nicht zwischen den einzelnen Arten einer Story hin und her zu springen. Viele Storyteller möchten instinktiv gern mit realen Geschichten starten und bauen nach und nach immer mehr fiktive Elemente ein, weil ihnen buchstäblich das Futter ausgeht. Das wird Ihnen nicht passieren.

Ist die Entscheidung über die Story-Art getroffen, ergeben sich daraus die weiteren Schritte. Für die realen Geschichten geht es an die Recherche, für fiktive Geschichten werden grob die einzelnen Elemente entwickelt.

Sobald Sie diesen Prozessschritt abgeschlossen haben, durchlaufen Sie das Change-Story-Framework. Die darin beschriebenen Schritte sind unabhängig davon, für welche Art von Storytelling Sie sich entschieden haben. Mit dem Change-Story-Framework arbeiten Sie alle Punkte, die Sie bisher grob entwickelt haben, im Detail aus. Hier gewinnen die Figuren und Handlungen Tiefe und Lebendigkeit.

Anschließend sind die Elemente der Change Story so weit ausgearbeitet, dass Sie sie für Ihre Kommunikation nutzen können. An dieser Stelle gehen wir darauf ein, wie Sie das am besten machen, welche Elemente auch für kleine Kommunikationsschnipsel benötigt werden und wie Sie sie für die unterschiedlichen Kommunikationskanäle aufbereiten (vgl. Kap. 6).

3 Arten von Storytelling

3.1 Diese Change-Story-Arten sollten Sie kennen

Viele Storyteller stehen anfangs vor der Frage: Sollen meine Storys real oder fiktiv sein? Beides ist möglich und nicht immer sind reale Geschichten besser als fiktive oder andersherum. Es ist wie so häufig im Leben: Es kommt darauf an. Sie sollten die Arten von Storys und ihre Vor- und Nachteile kennen, damit Sie für Ihr Change-Projekt individuell entscheiden können.

In der Vergangenheit habe ich immer wieder drei Arten von Change Storys erlebt, die jeweils sehr gut funktioniert haben. In einigen Fällen wurden auch zwei oder sogar alle drei Arten miteinander vermischt. Die größten Erfolge hatten jedoch Projekte, in denen sich die Verantwortlichen auf eine einzige Art des Storytellings fokussiert hatten. Die Story-Arten je nach Bedarf zu nutzen und somit willkürlich zu mischen ist für die Empfänger eher verwirrend – so wird es schwieriger, eine gute Geschichte zu erzählen, die die Empfänger begeistert, fesselt und schließlich auch zu einer Veränderung bewegt.

Ganz scharf lassen sich die Arten jedoch auch nicht voneinander trennen. Das wird deutlich, wenn wir sie uns im Folgenden genauer ansehen.

3.1.1 Unternehmensstorys

Storys aus der Zeit der Gründung und der Unternehmensgeschichte, die von den Hürden früherer Projekte berichten, blicken in die Vergangenheit. Die übergeordnete Botschaft ist: »Schaut mal, was wir schon alles geschafft haben. Wenn wir uns daran erinnern, können wir neue Kraft schöpfen. Und vielleicht finden wir in diesen Geschichten etwas, das wir auf unsere aktuelle Herausforderung adaptieren können.«

Unternehmensstorys haben einen wahren Kern, der in der Vergangenheit des Unternehmens liegt. Dazu müssen die Storyteller in der Unternehmensgeschichte recherchieren.

Gerade Familienunternehmen bieten oft eine Menge dieser Geschichten. Als ich anfing, mich mit dem Storytelling für die Change-Kommunikation zu beschäftigen, begleitete ich unter anderem gerade ein Projekt bei der *Merck KGaA*. Auch ohne das unternehmenseigene Archiv zu besuchen und nur mit einer einfachen Websuche fand ich hier spannende Einblicke, beispielsweise auf Wikipedia[4]:

Merck KGaA

Der Schweinfurter Apotheker Friedrich Jakob Merck kam in seiner Heimatstadt beruflich nicht voran. Er und seine Brüder versuchten vergeblich eine Stelle als Provisor in einer Apotheke der Stadt zu bekommen. 1651 – drei Jahre nach dem Ende des Dreißigjährigen Kriegs – verließ er im Alter von 20 Jahren Schweinfurt. [...] 1668 erwarb er in Darmstadt die *Zweite Stadtapotheke*, die spätere *Engel-Apotheke*, mit Haus und Hof. Am 26. August 1668 wurde Friedrich Jakob Merck das Apothekenprivileg ausgestellt.

Schon diese wenigen Sätze lassen einen unglaublichen Spielraum für Unternehmensstorys. Lassen Sie uns ein wenig mit diesem Beispiel spielen.

Möchte Merck die Veränderung durch Wachstum begleiten, zum Beispiel durch den Zukauf eines anderen Unternehmens, könnte der Kern der Change Story etwa so lauten:

Change Story Merck KGaA

Friedrich Jakob Merck war ein ausgezeichneter Apotheker. Doch schon kurz nachdem er die *Engel-Apotheke* 1668 erworben hatte, stand er vor einer Herausforderung. Von früh bis spät arbeitete er in den Geschäftsräumen der Apotheke, beriet Kunden und verkaufte Medikamente. Abends und bis tief in die Nacht stellte er bei Kerzenschein Medikamente her, mixte Tinkturen oder rührte Salben an.
Der Betrieb der Apotheke war nicht durch ihn allein möglich. Er musste Mitarbeiter einstellen und Apotheker ausbilden.

An diesem kurzen Beispiel sehen Sie sicher auch, dass sich die Arten von Storytelling nicht scharf voneinander trennen lassen. Wir wissen nicht, ob Friedrich Jakob Merck wirklich bis spät in die Nacht in den Hinterzimmern seiner Apotheke gearbeitet hat. Aber wir können es vermuten. Zu der realen Unternehmensstory kommt also eine Portion fiktiver Erzählung hinzu.

Doch nicht nur Unternehmen mit einer jahrhundertelangen Geschichte können Unternehmensstorys erzählen. Das funktioniert auch für kleine und mittelständische Unternehmen, die noch nicht so lange existieren. Vielleicht funktioniert dies sogar noch besser, denn die Gründer können ihre Geschichten häufig noch aus erster Hand erzählen.

4 https://de.wikipedia.org/wiki/Geschichte_der_Merck_KGaA

Das Unternehmen *mymuesli.com* gibt auf seiner Website noch einen kurzen Einblick in die Gründungsgeschichte[5]:

mymuesli.com

Die Geschichte unseres Bio-Müslis beginnt im Sommer 2005: Es ist so heiß, dass wir 3 Studenten Hubertus, Philipp und Max, uns auf dem Weg zum See machen. Im Auto hören wir den Radiospot einer bekannten Müslifirma. So kommen wir ins Gespräch über Werbung und Müsli: Wir malen uns aus, wie viel besser unsere Müsli-Werbung wäre. Ach, und unser Müsli erst ... [...]
Am 30. April 2007 geht mymuesli.com online. Und es läuft besser an als gedacht: Nach 2 Wochen sind wir ausverkauft. Das Verrückte: Jede einzelne Dose füllen wir zu dem Zeitpunkt per Hand ab.

Diese Geschichte bietet auch jede Menge Stoff für Change-Kommunikation. Stellen Sie sich einmal vor, ein Unternehmen mit einer Story wie *mymuesli.com* möchte sich von einer festen Regelarbeitszeit auf eine Vertrauensarbeitszeit umstellen. Die Sorgen, die die Betroffenen haben könnten, liegen vielleicht nicht gleich auf der Hand. Es ist zum Beispiel möglich, dass einige Mitarbeiter und Mitarbeiterinnen Angst haben, »in der Luft zu hängen«, und dass weniger Strukturen sie eher verunsichern.

Ein Ansatz für die Kommunikation könnte eine Story mit dem folgenden Kern sein:

Change Story mymuesli.com

Die Gründer Hubertus, Philipp und Max hatten die geniale Idee zu mymuesli.com nicht, während sie über Studien und Fachartikeln brüteten. Sie kamen während einer Fahrt zum Badesee auf die Idee.
Ihnen ist klar: Richtig gute Ideen können sich nur einstellen, wenn die Gedanken die Möglichkeit haben zu wandern. Das passiert nur selten am Schreibtisch.

Im Laufe der Zeit können die Gründer mit Zitaten immer wieder zu Wort kommen oder am liebsten sogar selbst sprechen.

Jedes kleine Unternehmen kann Unternehmensstorys erzählen, denn jedes Unternehmen hat schon eine ganze Reihe an Geschichten erlebt. Es gilt, sie herauszukitzeln.

Vorteile von Unternehmensstorys in der Change-Kommunikation

Unternehmensstorys sind Mitarbeitern und Mitarbeiterinnen häufig schon bekannt. Mit einer Change Story kann man also schon auf Vorwissen aufbauen und braucht nicht alles zu erklären. Das bietet sich beispielsweise für traditionsreiche Unternehmen an,

5 https://www.mymuesli.com/ueber-uns/story

die schon viel erlebt haben. Viele dieser Geschichten werden über Generationen von Mitarbeitern und Mitarbeiterinnen weitergegeben und sind allgemein bekannt. Aber auch junge Unternehmen mit einer starken Gründungsstory oder Unternehmen mit starken Schlüsselpersonen können damit arbeiten. Wichtig ist, dass die Geschichten und die damit verbundene Haltung einem Großteil der Belegschaft bekannt sind. Es reicht nicht aus, wenn beispielsweise nur eine einzelne Abteilung die Geschichte um eine starke Schlüsselperson kennt.

Für die Change Story kann dieses vorhandene Wissen dann wie die erste Stufe einer Treppe genutzt werden. Diese brauchen Sie nicht bauen, sondern können sie sofort besteigen.

Unternehmensstorys stellen außerdem eine Verbindung zur Unternehmensgeschichte und damit häufig auch zum Unternehmenszweck dar. Das kann die Identifikation der Mitarbeiter und Mitarbeiterinnen mit dem Unternehmen stärken. Gerade Gründungsgeschichten drehen sich häufig um den Unternehmenszweck. Eine Change Story, die darauf beruht, lässt die Beteiligten sich häufig wieder auf die ursprünglichen Werte besinnen, die es im Unternehmen gab. Und das kann besonders dann helfen, wenn ein Ziel der Veränderung ist, Werte aus der Vergangenheit in die Zukunft zu transportieren.

Ein weiterer Vorteil ist, dass Sie sich die Figuren, Herausforderungen und Lösungen nicht von Grund auf neu ausdenken müssen. Auch die Haltung der Beteiligten zu einer Veränderung oder Herausforderung brauchen Sie nicht mehr zu erfinden. Die Beteiligten, die Herausforderung und die möglichen Lösungen stehen schon fest.

Das macht Ihnen später bei der Bearbeitung des Change-Story-Frameworks die Arbeit leichter. Doch bitte unterschätzen Sie diesen Prozessschritt dennoch nicht. Sie müssen sich zwar nichts ausdenken, dafür aber umso genauer recherchieren, damit die Change Story von den Beteiligten angenommen wird.

Nachteile von Unternehmensstorys in der Change-Kommunikation

Dass vieles schon feststeht, kann auch durchaus ein Hindernis sein. In der Entwicklung einer Unternehmensstory haben Sie kaum Freiheiten, die Protagonisten und andere Punkte in der Change Story zu verändern und an aktuelle Gegebenheiten anzupassen. Das kann besonders dann ein Problem sein, wenn sich in der Zwischenzeit einige Werte grundlegend geändert haben. Stellen Sie sich nur einmal vor, wie eine Change Story ankommt, bei der in der Unternehmensgeschichte Zwangsarbeit eine Rolle spielte. Die Entwicklung der Change Story ist nicht der richtige Zeitpunkt, um schwierige Kapitel der Unternehmensgeschichte aufzuarbeiten. Im Idealfall ist dies schon längst passiert. Werden solche Punkte jedoch einfach verschwiegen, schwelt das Wissen unter der Oberfläche, was sich in stärkeren Widerständen zeigt.

Darüber hinaus lenkt eine Unternehmensstory den Blick stark in die Vergangenheit. Das passt nicht zu jeder Veränderung und ist gerade häufig dann ein Nachteil, wenn hoch innovative Projekte durchgeführt werden sollen. Der Blick in die Vergangenheit lohnt sich häufig eher dann, wenn es um überstandene Krisen geht – weniger bei der Einführung von Innovationen. Wir können uns im Schmerz meist besser mit den Menschen aus früheren Zeiten verbinden als in der Freude über eine Errungenschaft. Das mag vielleicht daran liegen, dass die frühere Innovation heute schon als selbstverständlich angesehen wird – die Krise aber immer wieder als neue Herausforderung, zu der es noch keine Lösung gibt und für die wir ein altes Muster suchen.

Dinge, die in der Vergangenheit des Unternehmens so nicht stattgefunden haben und die sich das Change-Team überlegt hat, können schnell unglaubwürdig werden.

Es wird Details geben, die Ihnen die Empfänger der Change Story problemlos abnehmen werden. Immer dann, wenn es um die Verständlichkeit geht oder die erfundenen Details helfen, ein stimmiges Gesamtbild zu erzeugen, werden sie Ihnen dafür dankbar sein – zum Beispiel wenn Sie Wörter, die heute nicht mehr gebräuchlich sind, durch ihre moderneren Nachfolger oder eine heute gebräuchliche Umschreibung ersetzen.

Jedoch werden sie bei Details, die den Kern der Geschichte betreffen, schnell skeptisch sein. Schreiben Sie beispielsweise von einem Gründer, der vor der Frage stand, ob er einen großen Auftrag annehmen sollte oder nicht, und dichten ihm einen Mentor hinzu, der genau in der richtigen Minute den entscheidenden Hinweis für die Entscheidung gibt, wird das schnell unglaubwürdig.

Und Unglaubwürdigkeit ist der wahrscheinlich größte Feind einer Change Story.

Vor- und Nachteile von Unternehmensstorys

Vorteile von Unternehmensstorys

- bauen auf vorhandenem Wissen auf
- Verbindung zum Unternehmenszweck
- Figuren, Herausforderungen und Lösungen müssen nicht erfunden werden

Nachteile von Unternehmensstorys

- kaum Freiheiten für eigene Elemente
- Blick wird in die Vergangenheit gelenkt
- Details müssen besonders glaubwürdig herausgearbeitet werden

3.1.2 Kundenstorys

Veränderungen in Unternehmen haben oft auch eine Außenwirkung. Wird beispielsweise eine neue Recruiting-Software eingeführt, ändern sich damit die internen Prozesse und vielleicht auch Zuständigkeiten. Im Idealfall soll die Arbeit leichter, schneller und attraktiver werden. Gleichzeitig sollen mit dieser Veränderung potenzielle Bewerber angesprochen und dazu bewegt werden, sich zu bewerben. Das Unternehmen möchte im Vergleich zu Mitbewerbern gut abschneiden und die besten freien oder wechselwilligen Kandidaten für sich gewinnen.

Um diesen Blick von außen für die Veränderungskommunikation zu nutzen, können Unternehmen auf Geschichten von Außenstehenden zurückgreifen. Das können Bewerber, Follower des Unternehmens, seine Kunden und viele andere mehr sein. Ich fasse diese Art von Geschichten unter dem Begriff »Kundenstory« zusammen.

Ich bin, während ich an diesem Buch schrieb, auf LinkedIn auf den Post eines *MediaMarkt*-Kunden gestoßen: Der Kunde, Herr Eckschlager, war so begeistert von der Beratung eines Mitarbeiters in einem Markt, Finn, dass er einen Post dazu verfasst und später sogar noch ein Bild mit ihm aufgenommen hat. Der Post beginnt mit dem Wort »Finn-tastisch«. Eine spätere Passage aus dem Post lautete:

Verkauf findet zwischen Menschen statt, und ja: sie machen den Unterschied.
Natürlich kaufe ich online ohne Beratung. Aber in Zukunft gehe ich bei Consumer Electronics zu Finn.
Wohlgemerkt: zu Finn, nicht zum MediaMarkt.

DIGITALE EXTRAS

Hinweis

Den Post und die Designbeispiele finden Sie im Original auf der Website zum Buch unter: www.change-storys.de/beispiele/mediamarkt

Lassen Sie uns auch mit diesem Beispiel ein wenig spielen und uns überlegen, wie ein Unternehmen wie *MediaMarktSaturn* diesen und ähnliche Posts nutzen kann. Mal abgesehen davon, dass in solchen Posts viele Informationen dazu stecken, wie Unternehmen ihre Kunden mit ihrem Angebot und ihrer Leistung zufrieden machen können, bieten sie auch Stoff für die Veränderungskommunikation.

Das Einverständnis des Postenden und aller Personen auf Fotos vorausgesetzt, könnten Sie den auf das Wesentliche reduzierten Text und die Bilder verwenden, eigene Hashtags kreieren und das Material on- und offline nutzen. Unterschätzen Sie nicht, welcher Vorteil auch einem Ideengeber daraus entstehen kann. Er gewinnt an positiver Sichtbarkeit weit über seine bisherigen Grenzen hinaus.

Change Story MadiaMarktSaturn

Wir suchen Mitarbeiter und Mitarbeiterinnen, die unsere Kunden gut und persönlich beraten. Verkäufer mit Herz und Verstand, denen Kundenzufriedenheit wichtig ist. Kurzum – Leute, die unsere Kunden glücklich machen.
So wie Finn, der Herrn Eckschlager kompetent beraten und ihm dann noch ein unschlagbares Angebot gemacht hat. Bravo, Finn!
Damit wir diese wertvollen Mitarbeiter und Mitarbeiterinnen für uns gewinnen können, müssen unsere Recruiting-Prozesse einfacher, schneller und transparenter werden.

Kundenstorys bringen für alle von der Veränderung Betroffenen einen neuen Blickwinkel in den Prozess: den Blick von außen. Sie zu finden erfordert regelmäßige und gute Recherche, es lohnt sich jedoch – nicht nur für die Veränderungskommunikation.

Vorteile von Kundenstorys in der Change-Kommunikation

Kundenstorys werden häufig als authentisch wahrgenommen, weil sie nicht vom Change-Team selbst erzählt werden, sondern aus der Sicht von Kunden, Mitarbeitern und anderen Externen. Ein solcher Blick von außen gilt oft als unverfälscht und ehrlich, besonders dann, wenn der Sender als unvoreingenommen und die Plattform als neutral angesehen werden. Auf diesem Prinzip bauen die gängigen Bewertungsportale auf. Jedoch kann das schnell ins Negative kippen, wie ich es weiter unten beschreibe.

Zusätzlich sind Kundenstorys häufig eng mit dem Zweck des Unternehmens verknüpft, weil sie die Sicht von Außenstehenden auf das Unternehmen widerspiegeln. In der Hektik des Alltags passiert es schnell, dass die Belegschaft den eigentlichen, ursprünglichen Zweck des Unternehmens aus den Augen verliert. Man betrachtet die Details, kümmert sich um das Erreichen von Kennzahlen oder anderer Zwischenziele und sieht den sprichwörtlichen Wald vor lauter Bäumen nicht mehr. Die Rückmeldungen von zufriedenen Kunden rücken den eigentlich wieder Sinn ins Blickfeld.

Kundenstorys lassen viele Möglichkeiten zur Interpretation, weil mit der Story die Reaktion des Unternehmens auf die Aktion des Kunden erfolgt. Die Reaktion können die Unternehmen also auf vielfältige Weise auslegen und für sich nutzen. Gerade auf diesen Punkt gehe ich später in einem Beispiel genauer ein.

Nachteile von Kundenstorys in der Change-Kommunikation

Die Recherche nach Kundenstorys kann zeitraubend sein. Denn gute Storys finden Sie nicht nur in den Bewertungsportalen, die Sie für Ihr Unternehmen selbst eingerichtet haben. Viel wahrscheinlicher ist es sogar, dass Sie sie an ganz anderen Orten finden. Die gängigen sozialen Medien sind oft ein guter erster Anlaufpunkt. Es kann aber durchaus sein, dass sie richtig gute Geschichten erst in einem persönlichen Gespräch finden.

Unternehmen, die mit Kundenstorys arbeiten, laufen Gefahr, nicht einen Protagonisten zum Helden zu machen, sondern sich selbst als Unternehmen oder Projekt. Das liegt nahe, denn der Kunde ist so begeistert, dass sich das schnell überträgt. Ist diese Begeisterung im Blickfeld, steht das Unternehmen selbst schnell im Mittelpunkt. Erst der Blick hinter die Begeisterung bringt die wahre Geschichte, in der der Kunde der Held ist. Warum das wichtig ist, erkläre ich im Abschnitt »Held« im Change-Story-Framework genauer.

Außerdem verleiten Kundenstorys Unternehmen naturgemäß häufiger dazu, in bester Absicht einzelne Aspekte oder sogar ganze Geschichten zu erfinden. Das untergräbt die Glaubwürdigkeit der Geschichte, des Projekts und der guten Absicht der Veränderung. Auch das kennen Sie sicher von den Bewertungsportalen und haben sich vielleicht auch schon das eine oder andere Mal gefragt, ob eine Bewertung echt ist.

Vor- und Nachteile von Kundenstorys

Vorteile von Kundenstorys
- werden als authentisch wahrgenommen
- sind mit dem Zweck des Unternehmens verknüpft
- lassen Möglichkeiten für Interpretationen

Nachteile von Kundenstorys
- Recherche kann zeitraubend sein
- der Held ist nicht immer klar
- bergen die Gefahr, Aspekte zu erfinden

3.1.3 Fiktive Storys

An den fiktiven Geschichten scheiden sich die Geister. Ist es nicht besser, auf Unternehmens- oder Kundenstorys zurückzugreifen, um nahe am Kern des Unternehmens zu bleiben? Das kommt ganz auf die Größe der Veränderung und damit auf Umfang, Dauer und Tiefe der Kommunikation an. Unternehmens- oder Kundenstorys haben meist ein natürliches Ende. Auch wenn sie sich im Detail oft noch ausschmücken lassen, wirken sie nach einer gewissen Zeit strapaziert.

Zu einer guten fiktiven Story lassen sich immer wieder neue Aspekte und Blickwinkel finden, von denen es sich zu erzählen lohnt.

Die Gefahr bei einer fiktiven Story ist allerdings, sich zu schnell auf ein Bild zu stürzen, das vermeintlich gut funktioniert, weil es uns nahe liegt. Ein solches Bild ist die Schiffsreise, die immer wieder herangezogen wird.

Die allgegenwärtige »Schiffsreise«

Mit dieser Veränderung begeben wir uns auf eine spannende Fahrt. Wir wissen, dass wir die alten Ufer aus den Augen lassen und neue Gewässer erkunden müssen, um echte Innovationen finden zu können. Doch machen wir uns nichts vor: In den Tiefen der stürmischen See lauern jede Menge Gefahren, die unsere Reise zu einem Abenteuer machen werden.

Das Bild der Schiffsreise bietet unendlich viele Möglichkeiten und Metaphern. Was es bedeutet, den Anker zu lichten, Klippen zu umschiffen oder in einen sicheren Hafen zu lenken, ist uns allen bekannt, selbst wenn wir noch nie zur See gefahren sind. Deswegen wird das Bild der Schiffsreise auch so oft eingesetzt. Und damit ist es auch schon überstrapaziert.

Ich persönlich liebe gut gemachte fiktive Change Storys. Sie eröffnen ganz neue Möglichkeiten und heben sich von dem ab, was alle anderen für ihre Kommunikation nutzen. Jedoch entstehen sie nicht über Nacht und werden nur selten von einer einzelnen Person erstellt. Damit Sie fiktive Geschichten für Ihren Change einfacher nutzen können, habe ich das Change-Story-Framework entwickelt, auf das ich später genauer eingehe. Es bietet Ihnen den idealen Rahmen, in dem Sie unkompliziert Geschichten entwickeln und für jede Art von Change-Kommunikation verwenden können.

Vorteile fiktiver Storys in der Change-Kommunikation

Die Möglichkeiten, sich Protagonisten, Antagonisten und andere Details auszudenken, sind unendlich. Damit kann die Change Story reich an Elementen und Blickwinkeln werden.

Fiktive Geschichten können sich einiger Elemente aus realen Gegebenheiten bedienen, was andersherum kaum funktioniert. So könnte zum Beispiel eine fiktive Figur ein Buch lesen, in dem ein Teil der Gründungsgeschichte des Unternehmens niedergeschrieben ist, und daraus Ideen für das eigene weitere Vorgehen gewinnen.

Wie eine Fabel kann eine fiktive Geschichte die Veränderung auf eine andere Ebene oder in eine ganz andere Umgebung transportieren. Damit müssen Mitarbeiterinnen und Mitarbeiter Analogien zu ihrer eigenen Situation herstellen. Häufig fällt es uns leichter, Lösungen für ein Problem zu finden, wenn wir sie in einem anderen Kontext selbst erkannt haben und sie uns nicht vorgelegt wurden.

Nachteile fiktiver Storys in der Change-Kommunikation

Wer mit fiktiven Geschichten arbeiten will, hört mit der initialen Entwicklung meist zu schnell auf. Häufig wird einfach auf altbewährte Geschichten und Metaphern zurückgegriffen – wie die bereits angesprochene Schiffsreise. Damit besteht die Gefahr, dass die Story nicht richtig zum Unternehmen und zur Veränderung passt und von den Mitarbeitern und Mitarbeiterinnen nicht so angenommen wird, wie sie sollte.

Fiktive Geschichten müssen mit Fingerspitzengefühl entwickelt und den Empfängern gerecht werden. Eine Story könnte beispielsweise zu niedlich, zu langsam oder zu brutal sein.

Vor- und Nachteile von fiktiven Storys

Vorteile von fiktiven Storys

- unendliche Möglichkeiten für die Figuren und Ereignisse
- lassen sich durch reale Elemente bereichern
- lassen Analogien zu möglichen Lösungen in der Realität zu

Nachteile von fiktiven Storys

- Gefahr, zu schnell auf gängige Storys zurückzugreifen
- wirken schnell übertrieben
- können in der Stimmung nicht zum Change passen

3.2 Die Seele einer Change Story

Wenn ich davon spreche, dass eine Change Story eine Seele braucht, meine ich damit absolut nichts Esoterisches, sondern vielmehr die übergeordnete Stimmung, die in dieser Story vorherrschen soll. Das ist natürlich abhängig vom Projektziel. Ein Digitalisierungsprojekt soll in der Regel in eine Zukunft mit einfacheren Arbeitsprozessen führen. Dagegen ist es in einem Projekt, in dem die Nachfolge eines Unternehmens geregelt wird, wichtiger, auf bestehende Werte einzugehen und damit der Belegschaft die Angst vor der Veränderung zu nehmen.

Die Entscheidung darüber, wie Sie Ihre Change Story ausrichten möchten, hilft Ihnen auch bei der Auswahl der Story-Art. Denn auch Unternehmensstorys, Kundenstorys und fiktive Storys haben ihre ganz eigene Stimmung, die sie von den anderen Arten unterscheidet.

Um mit meinen Klienten in Workshops die Seele ihrer Change Story auszuarbeiten, nutze ich gern das Bild eines Baumes. Dieser ist aufgeteilt in Krone, Stamm und Wurzeln.

Der Aufbau eines Baumes kann Ihnen dabei helfen, die passende Seele für Ihre Change Story zu finden

In der Baumkrone befinden sich die fiktiven Storys. Der Blick ist in die Zukunft gerichtet, die noch nicht feststeht und an der noch gearbeitet wird. Die Sprache ist meist eher modern mit kurzen Sätzen oder gar in Schlagworten. Handlungen spielen meist im Außen, das heißt, dass es vergleichsweise wenig Monologe, dafür mehr Dialoge oder Handlungen des Helden gibt. Die Transformation wird dadurch sichtbar, dass Dinge anders gehandhabt werden als vorher. In dieser Art von Geschichte geht es um Entwicklung und Wachstum.

Einer meiner Kunden entschied sich für sein Digitalisierungsprojekt für eine fiktive Story. Im Rahmen dieses Projekts sollten viele Daten in die Cloud verlagert werden. Die Story, die wir für die Kommunikation entwickelten, spielte auf einem Raumschiff. Das war vermutlich auch der Tatsache geschuldet, dass im Change-Team vergleichsweise viele Fans von Star Trek waren. Dennoch hatte das Team die Story passend zum Projekt, zum Unternehmen und vor allem zum Projektziel gewählt. Denn es ging darum, dass die Crew des Raumschiffs mit ihrem Captain ein unbekanntes Sonnensystem erforschen sollte.

Die Handlungen und Herausforderungen waren dabei ganz unterschiedlich. Mal gab es einen neuen Planeten zu erforschen mit allen Gefahren, die darauf lauern konnten. Ein anderes Mal brach die Kommunikationsverbindung zur Erde ab, die schnellstmöglich repariert werden musste.

Begleitet wurde all das von futuristischen und energiegeladenen Bildern. Die Hauptfarbe waren ein dunkler Blauton aus dem Firmenlogo, das sich in Bildern des Weltalls wiederfand, und ein strahlendes Gelb, dass immer wieder mit Lichtern, Blitzen und Explosionen auftrat.

Fiktive Story

- Zeit: Zukunft
- Ort: Außen
- Ausrichtung: Wachstum, Entwicklung
- Sprache: modern mit kurzen Sätzen, Schlagworten und Superlativen
- Werte: Abenteuerlust, Kreativität
- Bilder: modern bis futuristisch
- Farben: auffallend und knallig
- Schrift: serifenlos

Der Stamm des Baumes steht für die Kundenstorys. Hier wird die Gegenwart oder höchstens die jüngste Vergangenheit und nächste Zukunft betrachtet. Kommuniziert wird auf Augenhöhe und Handlungen finden in Interaktionen miteinander statt.

Ein anderer Kunde führte ein neues Customer-Relationship-Management-System ein und entschied sich für eine Kundenstory. Die Story lebte vom Dialog zwischen dem Kunden und einem Mitarbeiter, die gemeinsam Schritt für Schritt Probleme und Missverständnisse im Prozess aufdeckten und überarbeiteten. All diese Errungenschaften sollten sich dann im CRM-System wiederfinden.

Teamgeist, auch zwischen Menschen innerhalb und außerhalb des Unternehmens, wurde in der Story immer wieder aufgegriffen. Als Farben wählte das Projekt die Farben des größten realen Kunden, wenn auch der Kunde in der Story als Persona für alle möglichen Kunden stand.

Für eine Auftaktveranstaltung mit Werksführung, zu der auch Kunden eingeladen waren, wurde ein Fotograf ausschließlich dafür engagiert, Kunden und Mitarbeiter an verschiedenen Orten in Dialogen festzuhalten. Damit war ein großer Teil des Bildmaterials für das gesamte Projekt gesichert.

Kundenstory

- Zeit: Gegenwart
- Ort: Innen und Außen, im Dialog
- Ausrichtung: bewahren bis erweitern
- Sprache: zeitgemäß, umgangssprachlich
- Werte: Klarheit, Teamgeist, Effizienz
- Bilder: reale Bilder, ungestellt
- Farben: gesetzt, Unternehmensfarben
- Schrift: eher serifenlos

Die Unternehmensstorys finden sich in den Wurzeln des Baumes wieder. Betrachtet wird vornehmlich die Vergangenheit und wie Werte daraus in die Zukunft transportiert werden können. Manchmal kann die Sprache ein wenig altmodisch wirken, doch damit werden Werte wie Beständigkeit und Demut vor dem Erreichten ausgedrückt. In einer solchen Story sind Monologe ein wichtiges Element, aus denen sich die Handlungen erst ableiten.

Mit einem Getränkehersteller arbeitete ich eine Unternehmensstory für seine Change-Kommunikation aus. Da das Unternehmen schon in der vierten Generation existiert, ist der Gründer schon lange verstorben. In der Geschichte setzte mein Kunde also hauptsächlich auf Handlungen und besonders Monologe, deren Authentizität in einigen Teilen nur vermutet werden konnte.

Doch es existieren noch jede Menge Dokumente und Fotografien aus der Zeit, die sich wunderbar für Kommunikationszwecke eigneten.

Unternehmensstory

- Zeit: Vergangenheit
- Ort: Innen
- Ausrichtung: sichern
- Sprache: oftmals altmodisch, höchstens zeitgemäß
- Werte: Sicherheit, Bodenständigkeit, Demut
- Bilder: altmodisch, Bilder aus der Unternehmensgeschichte
- Farben: Unternehmensfarben bis Sepiatöne
- Schrift: mit Serifen

3.3 So finden Sie Ihre Entscheidung

Sie sehen selbst, dass es keine ultimative Empfehlung dafür gibt, welche Art von Storytelling Sie für Ihr Change-Projekt wählen sollten. Es kommt auf das Unternehmen, die Mitarbeiter und Mitarbeiterinnen und das Change-Team an, wenn entschieden werden soll, ob es eine Unternehmensgeschichte, Kundengeschichten oder gar eine fiktive Story werden soll, die das Projekt begleitet. Vor allem kommt es aber auf die Veränderung selbst und die Menschen an, die mit dieser Veränderung umgehen müssen. Die Art der Story muss beidem gerecht werden.

Stellen Sie sich für Ihre Entscheidung die Frage, ob Ihre Unternehmensgeschichte genug Inhalte liefert, um die anstehende Veränderung begleiten zu können. Zwar haben auch junge und kleine Unternehmen immer eine Geschichte und durchaus spannende Aspekte. Doch reichen sie wirklich aus, um die Veränderungen, die Sie planen, im ganzen Ausmaß zu repräsentieren? Und können alle Mitglieder Ihres Change-Teams gleichermaßen auf die Informationen zurückgreifen – gibt es beispielsweise ein gemeinsames Archiv, in dem jeder selbstständig recherchieren kann? Gibt es einen Flaschenhals für den Informationsfluss? Ist beispielsweise der Gründer noch im Unternehmen und nur eingeschränkt verfügbar, um Informationen weiterzugeben?

Mit den Kundenstorys verhält es sich ganz ähnlich. Gibt es genug Inhalte, ohne dass Sie auf Kundenstimmenjagd gehen müssen? Und können Sie sicher sein, dass die Adressaten der Story Ihre Botschaft richtig verstehen und nicht stattdessen glauben, dass Sie das Unternehmen oder das Projekt zum Helden erheben wollen? Kundenstimmen, die während des laufenden Projekts – und besonders erst auf Nachfrage – auftauchen, wirken schnell unglaubwürdig. Liefern soziale Medien wie Facebook, LinkedIn oder Xing genug Inhalte? Was geben Bewertungen und Kommentare auf Google, kununu oder anderen Bewertungsplattformen her?

Mir persönlich sind die fiktiven Geschichten am liebsten. Doch ist Ihr Change-Team in der Lage, eine fiktive Story nicht nur initial aufzubauen, sondern auch kreativ weiterzuentwickeln und auf Dauer zu betreuen? Meist ist die Kreativität der einzelnen Teammitglieder nicht das Problem – es ist eher deren Verfügbarkeit und Arbeitsauslastung. Gibt es vielleicht sogar schon Figuren wie Maskottchen, Logoelemente oder gemeinsame Bilder, die sich nutzen lassen?

Gehen Sie gemeinsam mit Ihrem Change-Team noch einmal alle Pro- und Kontra-Argumente für die einzelnen Story-Arten durch. Nehmen Sie sich für diese Entscheidung ruhig ein wenig Zeit – sie sollte nicht übers Knie gebrochen werden. Müssen Sie sich später anders entscheiden und Ihre Change Story in eine andere Story-Art umwandeln, beeinträchtigt das die Transparenz und verwirrt die Empfänger. Und weil Transparenz und Klarheit zwei wichtige Pfeiler von erfolgreicher Change-Kommunikation sind, möchten Sie es sicher vermeiden, daran zu sägen.

Mit der Entscheidung, welche Art von Storytelling Sie betreiben möchten, sind Sie im Entwicklungsprozess einen entscheidenden Schritt vorangekommen. Sie ist die Basis für alle folgenden Prozessschritte, die sich stark voneinander unterscheiden. Gerade deswegen ist es besonders wichtig, dass Ihre Entscheidung wohlüberlegt ist.

3.4 Wie geht es weiter?

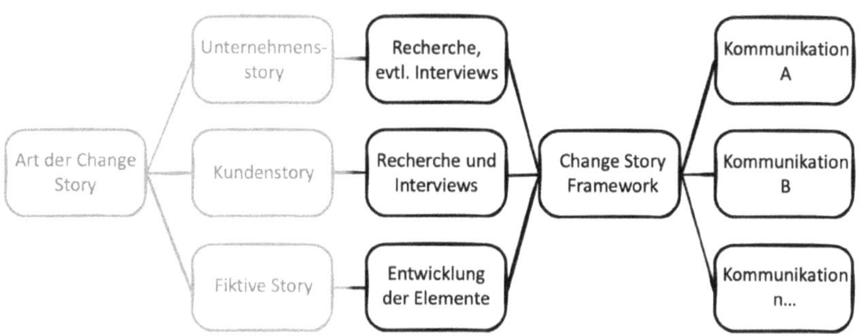

Im nächsten Schritt sind je nach Story-Art die Aufgaben für Recherche, Interviews und eigene Entwicklung unterschiedlich gewichtet.

3.4.1 Mit einer Unternehmensstory?

Die Recherche für eine Unternehmensstory ist ein Blick in die Vergangenheit. Sie werden viel lesen, viele Leute interviewen und eine Menge Informationen zusammentragen müssen.

3.4.1.1 Recherche

Für Unternehmensstorys bieten sich zahlreiche Recherchemöglichkeiten. Mögliche Anhaltspunkte können sein:

- **Unternehmensgründer**
  Ist der Gründer noch im Unternehmen, kann er für jede Art von Fragen zur Verfügung stehen. Arbeiten Sie einen Fragenkatalog aus, der besonders auf die Motivation zur Gründung abzielt, nach äußeren Hürden und inneren Blockaden fragt und auch auf kleine und große Erfolge blickt.
- **Schlüsselpersonen**
  Welche Schlüsselpersonen gibt es im Unternehmen, die schon in der Vergangenheit gravierende Veränderungen miterlebt haben? Wie sind sie damit umgegangen, welche Sorgen, Ängste und Nöte hatten sie? Was, haben sie sich gewünscht, soll nach der Veränderung besser sein als vorher? Und gab es Personen oder Umstände, die bei einer Veränderung geholfen haben?
- **Change Agents**
  Wenn Sie ein Netzwerk aus Change Agents, also Menschen, die die Veränderung ins Unternehmen tragen sollen, aufgebaut haben, können Sie auch diese inter-

viewen. Warum ist ihnen die Veränderung so wichtig? Was macht das Unternehmen so besonders, dass diese Menschen dort arbeiten und es weiter voranbringen wollen? Was motiviert sie dazu, Veränderungen in Kauf zu nehmen?

- **Kunden und Lieferanten**
  Kunden und Lieferanten haben meist ganz eigene Gründe, warum sie mit bestimmten Unternehmen zusammenarbeiten. Wenn das Wertekonstrukt beider Unternehmen zusammenpasst, können Sie Interviews mit Kunden und Lieferanten auch für Ihre Change Story heranziehen. Warum arbeiten sie ausgerechnet mit Ihnen zusammen? Wie hat sich die Zusammenarbeit in der Vergangenheit entwickelt und was wünschen sie sich für die Zusammenarbeit in der Zukunft?
- **Mitarbeiter und Mitarbeiterinnen**
  Interviews mit Menschen, die Sie auf den ersten Blick nicht als Schlüsselpersonen identifiziert haben, können dennoch eine Menge wertvoller Informationen liefern. Gerade diese Menschen, die in der Vergangenheit eher unsichtbar waren, haben oft die verblüffendsten Beobachtungen gemacht oder haben sehr spannende Gedanken zum Unternehmen, in dem sie arbeiten. Finden Sie mehr über die Motivation Ihrer Mitarbeiter und Mitarbeiterinnen heraus. Aus welchem Grund arbeiten sie im Unternehmen? Was wünschen sie sich für ihren eigenen Arbeitsplatz, für ihr Team, ihre Abteilung oder sogar für das ganze Unternehmen für die Zukunft? Welchen Missstand soll die Veränderung in ihren Augen beheben?

Lassen Sie die Fragen nicht nur auf den beruflichen Kontext zielen, sondern fragen Sie auch gern nach persönlichen Dingen.

Nutzbare Geschichten aus der Vergangenheit

Ein Unternehmen aus der Automobilindustrie will eine neue Buchhaltungssoftware einführen. Mit dieser Software können Papierbelege einfach und fehlerfrei erfasst und weiterverarbeitet werden. Eine Mitarbeiterin macht sich große Sorgen, dass sie durch diese Veränderung ihren Arbeitsplatz verlieren könnte: Sie fehlt immer wieder tageweise und hat ihren ganzen Urlaub aufgebraucht, weil sie sich um ihre kranke Mutter kümmern muss, bis diese einen Platz in einem Pflegeheim bekommt.

Eine Kollegin, die von diesem Dilemma weiß, wendet sich an das ganze Team. Alle sind sofort dafür, der betroffenen Kollegin zu helfen. Sie rechnen ihrem Abteilungsleiter vor, wie viel Zeit sie mit der neuen Software zukünftig monatlich sparen würden und dass sie so mit nur geringem Aufwand ihre Kollegin zeitlich unterstützen könnten. Sie bieten an, Urlaubstage zu sammeln und auf sie zu übertragen.

Der Abteilungsleiter und die Unternehmensleitung sind bereit, die gesammelten Urlaubstage auf die Mitarbeiterin zu übertragen. So hat sie die Möglichkeit, sich um ihre Mutter zu kümmern und einen passenden Platz in einem Pflegeheim in der Nähe zu suchen.

Fast zehn Jahre später greift das Change-Team auf diese Story zurück und nutzt sie für ein aktuelles Veränderungsprojekt.

Bei dieser Art von Interviews ist es wichtig, einen neutralen Blick auf die Informationen zu behalten. Gespräche mit Menschen bringen immer Emotionen mit sich: Das kann vom freundlichen Lächeln, weil man sich selbst an eine Gegebenheit erinnert, bis zur Wut darüber, dass jemand das Unternehmen in einem schlechten Licht sieht, alles sein. Ihre Aufgabe als Change-Team ist es, die Informationen so authentisch wie möglich aufzunehmen und weiterzuverarbeiten. Die Menschen werden immer aus der derzeitigen Emotion heraus antworten. Sie kennen das sicher: Eine schlechte Google-Bewertung schreibt man auch nur, wenn man sich gerade geärgert hat – man wartet nicht erst eine Woche.

Beobachten Sie aber auch, was die Antworten aus einem Interview mit Ihnen als Person machen. Auch hier finden Sie möglicherweise Inhalte für Ihre Change Story, denn auch Ihr Blick ist für das Unternehmen wichtig.

Fragen Sie sich selbst, was Sie tun können, damit die Interviews so neutral wie möglich verlaufen. Es ist wichtig, dass sich jeder Interviewgast wertgeschätzt und sicher fühlt. Aus seinen Antworten dürfen ihm keine Nachteile entstehen. Sorgt er sich darum, wird er nicht offen antworten können.

Sie könnten für die Interviews einen speziellen Raum einrichten, die Gespräche in einem Café führen oder sie mit ausgiebigem Small Talk eröffnen. Ihnen stehen viele Möglichkeiten zur Verfügung, mit denen Sie einen passenden Rahmen für ein Gespräch aufbauen können, in dem Ihnen Ihr Interviewpartner offen und ehrlich antwortet. Achten Sie dabei auch darauf, dass der Fragenkatalog und damit das Interview nicht zu lang werden. Ihre Interviewgäste werden die Zeit von ihrer normalen Arbeitszeit abzweigen – gehen Sie respektvoll damit um.

Neben den Interviews können und sollten Sie allerdings auch auf anderen Wegen recherchieren. Quellen können das Firmenarchiv, Details zur Stadtgeschichte, Wikipedia-Artikel und vieles mehr sein. Wo könnten sich Informationen über Ihr Unternehmen und seine Geschichte finden lassen?

Der aufmerksame Change-Begleiter findet in solchen Geschichten natürlich mehr als nur Inhalt für seine Change Story. Hier findet er Dinge, die unbedingt erhalten werden müssen, und andere, die sich Mitarbeiter und Mitarbeiterinnen anders wünschen.

3.4.1.2 Geschichten auswerten

Erst wenn alle Interviews geführt und alle Geschichten gehört worden sind, geht es daran, Parallelen zwischen den Geschichten selbst und zu den aktuellen Herausforderungen zu finden. Wer zu früh mit der Auswertung beginnt, läuft Gefahr, spätere Interviews unter einem vorgefertigten Blickwinkel zu führen. Möglicherweise möchte er Vielfalt in die Geschichten bringen und überhört instinktiv Dinge, die sich ähneln. Oder er sucht nach Ähnlichkeiten und überhört neue Informationen.

Fragen, die sich in der Auswertung stellen, können sein:

- Was unterscheidet die Geschichten voneinander?
- Worin sind sich die Geschichten ähnlich?
- Worin unterscheiden oder gleichen sich Teile der Geschichten und die Veränderung, vor der wir derzeit stehen?
- Welche Analogien und Bilder werden immer wieder verwendet?
- Gibt es Wörter, die sonst eher nicht gebräuchlich sind, in den Geschichten aber immer wieder auftauchen?
- Gemessen an der Change-Kurve: An welcher Stelle stehen die Interviewgäste, wenn sie ihre Geschichten erzählen?
- Wie sehen die Personen das Unternehmen, ihre Abteilung oder ihr Team?

Solche Fragen helfen Ihnen, den Kern einer Geschichte zu erkennen und daraus Antworten für die später folgenden Fragen im Change-Story-Framework zu finden.

Um zu überprüfen, ob Sie für die Auswertung ausreichend Fragen gestellt und genug Details in den Geschichten gesammelt haben, können Sie versuchen, aus den Geschichten und Erkenntnissen Personae zu bilden. Ist es Ihnen möglich, Menschen in allen Facetten zu beschreiben, wie es im Abschnitt über Personae erklärt ist?

Checkliste

- Haben Sie eine ausreichend diverse Stichprobe an Interviewgästen gefunden?
- Haben Sie einen guten Fragenkatalog erarbeitet, der einerseits nicht zu lang ist, auf der anderen Seite aber auch keine Fragen offenlässt?
- Schaffen Sie einen Rahmen, in dem das Interview für alle Beteiligten angenehm ist.
- Bauen Sie eine persönliche Verbindung zu Ihrem Interviewgast auf, zeigen Sie ehrliches Interesse an seinen Informationen.
- Befragen Sie erst alle Interviewgäste, bevor Sie mit der Auswertung beginnen.
- Werten Sie die Interviews aus, indem Sie sich Fragen über den Kern der Geschichten stellen.
- Versuchen Sie, aus diesen Geschichten und den gewonnenen Erkenntnissen neue Personae zu entwickeln.

3.4.2 Mit einer Kundenstory?

Manchmal, wenn ich auf der Suche nach einer besonderen Dienstleistung oder einem Produkt bin, verliere ich mich in Amazon- und Google-Bewertungen. Dann ertappe ich mich dabei, wie ich gefühlt stundenlang lese, was andere Menschen von diesem Produkt oder der Dienstleistung halten. Dabei geht es mir gar nicht um die schlechten Bewertungen. Die guten, die ich als ehrliche Bewertung empfinde, gefallen mir um einiges mehr.

Geht es Ihnen auch so? Vielleicht haben Sie sich für eine Kundenstory für Ihr Change-Projekt entschieden. Wenn das so ist, machen Sie sich jetzt nach ebensolchen Einblicken auf die Suche.

3.4.2.1 Recherche

Es gibt jede Menge Recherchemöglichkeiten, über die Sie an gute Kundengeschichten kommen können. Sicherlich finden Sie einige über diese Kanäle:

- **Google**
  Bewertungen und Kommentare, umgangssprachlich die »Google-Sterne«, sind mit einem einfachen Suchbefehl zu finden. Bitte bedenken Sie, wenn Sie hier schlechte Kommentare vorfinden, dass das auch ein Anhaltspunkt für eine mögliche Veränderung in Ihrem Unternehmen sein kann. Nehmen Sie sich aber auch nicht alles zu Herzen: Oft schreiben genau diejenigen Menschen eine Bewertung, die sich gerade geärgert haben.
  Schalten Sie unbedingt einen Google Alert, der Sie über alle neuen Bewertungen zu bestimmten Suchbegriffen informiert. Sie können dort den Namen Ihres Unternehmens, die Namen von Schlüsselmitarbeitern oder Produktbegriffe hinterlegen. Bis zu einer gewissen Unternehmensgröße ist es ohne großen Aufwand möglich herauszufinden, was Ihre Kunden von Ihnen halten.
- **Bewertungsportale**
  Je nachdem, wer die Zielgruppe Ihres Change-Projekts ist, finden Sie Geschichten vielleicht auch über Bewertungsportale. Das können Dienste wie *Proven Expert* oder *Trustpilot* sein, genauso aber auch die Plattform *kununu*, auf der Menschen ihre aktuellen und ehemaligen Arbeitgeber bewerten können, wenn Sie beispielsweise ein Change-Projekt in Ihrer HR-Abteilung durchführen wollen.
- **Soziale Medien**
  Haben Sie ein Unternehmensprofil bei LinkedIn, Xing oder Facebook? Dann haben Nutzer die Möglichkeit, Ihr Unternehmen zu verlinken. In der Regel werden Sie darüber benachrichtigt und können diesem Link folgen.
  Vielleicht gibt es zu Ihrem Unternehmen oder Ihrem Produkt sogar einen Hashtag. Sie können diesem Hashtag folgen und sehen, was Kunden dazu posten.

Schauen Sie sich genau an, was die Nutzer im Zusammenhang mit Ihrem Unternehmen sagen. Gerade hier finden sich die authentischen Geschichten.

- **Feedback und Reklamationen**
  Die meisten Workshopanbieter kennen das System: Sie verteilen nach jedem ihrer Workshops einen Feedbackbogen und bitten darum, ihn auszufüllen. Wenn auch Sie Ihre Kunden um Feedback nach einer Bestellung oder einer Zusammenarbeit bitten, werten Sie auch diesen Kanal aus.
  Wenn Sie sogar eine eigene Abteilung haben, die sich um Reklamationen kümmert, können auch diese Geschichten in Ihre Change Story einfließen.
- **Gespräche mit Mitarbeitern und Mitarbeiterinnen**
  Die wichtigste und gleichzeitig wohl am meisten unterschätzte Informationsquelle sind Gespräche mit Mitarbeitern und Mitarbeiterinnen. Jeder von uns hat Kontakt zur Außenwelt – das müssen noch nicht einmal nur Mitarbeiter aus dem Vertrieb sein, die im direkten Kundenkontakt stehen. Fragen Sie Ihre Mitarbeiterinnen und Mitarbeiter nach Begebenheiten mit Kunden und Lieferanten und nach direktem Feedback, das in keinem der vorgenannten Kanäle auftaucht. Fragen Sie aber auch danach, was Familie, Verwandte und Freunde vom Unternehmen halten und ob sie es mit besonderen Geschichten verknüpfen.

3.4.2.2 Geschichten auswerten

Die Auswertung von Kundengeschichten ähnelt stark der Auswertung von Geschichten aus dem Unternehmen. Den Fragenkatalog, den ich in Kapitel 3.3.1.2 zusammengestellt habe, können Sie auch hier verwenden.

Für die Arbeit mit Kundengeschichten ist stellenweise ein dickes Fell nötig. Ich sprach schon an, dass die meisten Menschen nur Feedback geben, wenn sie unzufrieden sind. Und so kann es sein, dass Sie viel mehr Geschichten von unzufriedenen Kunden finden als Erfolgsgeschichten mit zufriedenen Kunden. In diesem Zusammenhang sind zwei Punkte wichtig.

Zum einen ist positives Feedback einholbar. Warten Sie nicht nur darauf, dass sich Ihre Kunden bei Ihnen melden, sondern sprechen Sie sie aktiv darauf an. Posten Sie möglicherweise in den sozialen Medien und rufen Sie Ihre Kunden auf, die besten Geschichten im Zusammenhang mit Ihrem Produkt oder Ihrer Dienstleistung zu erzählen. Oder rufen Sie Kunden an und fragen Sie sie, wie zufrieden sie sind. Wenn Sie im aktiven Feedbackeinholen noch keine Routine haben, ist die Art der Change Story mit Kundengeschichten möglicherweise noch nicht die richtige für Ihr Unternehmen. Sie können sich aber jetzt schon für die Zukunft vorbereiten und nach guten Kundengeschichten suchen. Dieser Prozess kann mitunter eine Weile dauern.

Zum anderen können Sie jede Reklamation zumindest in eine neutrale Kundengeschichte und einen Großteil sogar in Erfolgsgeschichten umwandeln. Fehler passieren überall – für Ihre Kunden ist in diesem Fall wichtig, wie Sie darauf reagieren. Nehmen Sie ein defektes Produkt einfach zurück und erstatten den Kaufbetrag? Tauschen Sie es um? Oder tun Sie mehr, um Ihren unzufriedenen Kunden wieder in einen zufriedenen zu verwandeln? Dafür brauchen Ihre Mitarbeiter und Mitarbeiterinnen einen gewissen Handlungsspielraum, in dem sie frei entscheiden können, ohne sich mit Vorgesetzten abstimmen zu müssen.

Stellen Sie sich dann zusätzlich Fragen wie:

- Warum arbeitet dieser Kunde mit uns zusammen?
- Welche Werte teilen wir?
- An welchen Punkten sind wir uns in der Unternehmensentwicklung ähnlich?
- Was möchte unser Kunde wiederum damit erreichen, dass er mit uns zusammenarbeitet? Welche Kunden möchte er bedienen, wie möchte er von ihnen gesehen werden?

Checkliste

- Überprüfen Sie so viele Kanäle wie möglich. Welche Möglichkeiten haben Kunden, dort Feedback zu geben, und wie können Sie es finden?
- Holen Sie aktiv Feedback ein, damit Sie nicht nur Rückmeldungen von unzufriedenen Kunden bekommen. Gerade am Anfang kann das demotivieren.
- Achten Sie darauf, das Feedbackgeben für Ihre Kunden so zeitsparend wie möglich zu gestalten.
- Bauen Sie eine persönliche Verbindung zu Ihrem Kunden auf. Wenn das bisher noch nicht geschehen ist, wird es jetzt höchste Zeit. Das stärkt die Loyalität und ermöglicht es Ihnen, auch später noch mit Fragen auf ihn zuzugehen.
- Sammeln Sie erst auf allen Kanälen, bevor Sie mit der Auswertung beginnen.
- Werten Sie das Feedback aus, indem Sie sich fragen, was Ihre Kunden dazu motiviert, bei Ihnen zu kaufen.

3.4.3 Mit einer fiktiven Story?

Die fiktiven Geschichten sind die grüne Wiese des Storytellers. Nachdem Sie sich in Unternehmens- oder Kundengeschichten auf Dinge beschränkt haben, die tatsächlich so passiert sind, können und müssen Sie nun sogar Ihrer Kreativität freien Lauf lassen.

Fiktive Geschichten begegnen uns immer und überall. Uns fesseln Bücher mit Geschichten von Reisen zum Mittelpunkt der Erde oder Filme von Zauberlehrlingen oder intergalaktischen Kriegen. Und trotzdem können wir aus diesen Geschichten immer etwas für unsere eigene Entwicklung herausholen. Wir finden Parallelen zu unserer Wirklichkeit und lernen mit den Helden der Geschichte mit.

Darauf bauen fiktive Change Storys auf. Es geht nicht vornehmlich darum, die Empfänger köstlich zu unterhalten, sondern darum, sie Parallelen finden zu lassen und ihnen Lösungsmöglichkeiten aufzuzeigen.

Darum halte ich es für wichtig, dass Sie eine Change Story entwerfen, die es so nur für Ihr Unternehmen und dieses Projekt gibt. Geben Sie sich nicht zufrieden mit Geschichten, die auch viele andere nutzen. Seien Sie für Ihre Mitarbeiter und Mitarbeiterinnen unvergleichlich und stechen Sie aus der Masse der Unternehmen hervor. Das stärkt die Loyalität, lässt die Mitarbeiter und Mitarbeiterinnen sich noch stärker mit dem Unternehmen identifizieren und die Veränderung besser bewältigen.

Bei den anderen Story-Arten gab es die Protagonisten schon – das waren die Unternehmensgründer, Schlüsselmitarbeiter oder Kunden. Auch die Umgebung stand schon fest, nämlich die Entwicklung Ihres Unternehmens. Für eine fiktive Geschichte müssen Sie diese Dinge von Grund auf neu erfinden.

3.4.3.1 Was wäre, wenn …

Für eine spannende Geschichte braucht es eine gehörige Portion »Was wäre, wenn …«. Für die Story Artists von *Pixar* (ja, das ist tatsächlich ein Beruf) ist das »What if« ein Kernelement der Geschichte. In einem Kurs zum Storytelling, an dem ich einmal teilgenommen habe, erklärten sie, dass diese Frage der Ausgangspunkt für eine ganze Geschichte und in diesem Fall sogar für jeden einzelnen *Pixar*-Film ist.

- Was wäre, wenn Spielzeug eigentlich lebendig ist?
- Was wäre, wenn es hinter den Türen unserer Kleiderschränke eine Welt gäbe, in der Monster leben?
- Was wäre, wenn wir Superkräfte hätten?

Das »What if« schaltet den rationalen Teil unseres Gehirns ab und nimmt uns mit auf eine imaginäre Reise. Das ist genau das, was Sie für eine Change Story brauchen, die zum einen unterhaltsam ist und zum anderen die Haltung Ihrer Mitarbeiter und Mitarbeiterinnen verändern kann.

Vielleicht machen Sie sich an diesem Punkt Sorgen um Ihre Seriosität. Sie können doch nicht eine Geschichte aus anderen Dimensionen, Urzeiten oder von Helden mit Zauberkräften erzählen. Eine fiktive Story wirkt für Sie selbst schnell so übertrieben, dass Sie fürchten, mit dieser Form der Change-Kommunikation nicht mehr ernst genommen zu werden. Doch seien Sie unbesorgt: Die Empfänger messen eine fiktive Geschichte mit anderen Maßstäben. Sie darf nicht nur unglaublich sein, sie muss es sogar, um im Gedächtnis zu bleiben.

3.4.3.2 Protagonist und Umgebung

Für die Entwicklung der Hauptfigur Ihrer Change Story gibt es praktisch keine Grenzen. In einem Kundenprojekt, das ich begleitet habe, war die Hauptfigur zum Beispiel ein Würfel (vgl. Kap. 6.3). Es muss sich also noch nicht einmal um Menschen handeln – es können auch Tiere oder Gegenstände sein. In einer anderen Geschichte von einer wunderbaren Storyteller-Kollegin waren die Hauptfiguren sogar einmal unter anderem ein *Teams*-Account, ein Gendersternchen oder ein Seufzer.

Finden Sie die richtige Balance zwischen einem ausgefallenen Charakter mit Wiedererkennungswert und Seriosität, damit Ihre Mitarbeiter und Mitarbeiterinnen den Protagonisten auch als solchen annehmen können. So wird in den meisten Projekten der Protagonist entweder ein Mensch oder ein Tier mit menschlichen Eigenschaften und Fähigkeiten sein.

In diesem Buch haben wir schon einige Male über Personae gesprochen. Für die Entwicklung des Protagonisten ist nun der umgekehrte Weg notwendig – Sie extrahieren die Persona nicht aus Geschichten, die Sie gehört haben, sondern denken sie sich von Grund auf neu aus. An dieser Stelle ist es noch nicht wichtig, dass Ihr Protagonist vor einer ähnlichen Herausforderung steht, wie Ihre Mitarbeiter und Mitarbeiterinnen es jetzt tun. Im Gegenteil: Je unterschiedlicher die Startpunkte und Herausforderungen Ihres Protagonisten und Ihrer Mitarbeiter und Mitarbeiterinnen sind, desto mehr Handlungsspielraum räumen Sie sich für die zukünftige Change Story ein.

Das wird anhand eines Beispiels deutlich:

Stellen Sie sich vor, Sie hätten einen imaginären Mitarbeiter als Protagonisten erschaffen. Dieser Mitarbeiter steht vor genau derselben Herausforderung wie alle anderen im Unternehmen: Er soll sein Team in Zukunft mit agilen Methoden führen. Er ist als junge Führungskraft in ein Team gekommen, in dem er mit vielen älteren Kolleginnen und Kollegen zusammenarbeiten muss. Das stellt ihn vor einige Probleme.

Dass Ihr Protagonist in Ihrem Unternehmen arbeitet, bedeutet, dass er auch nur die gleichen Ressourcen zur Verfügung hat wie Ihre echten Mitarbeiterinnen und Mitarbeiter. Er kennt dieselben Leute, nutzt dieselben Tools und hat dieselben Restriktionen wie alle anderen. Auf den ersten Blick könnte das den Protagonisten besonders sympathisch und authentisch wirken lassen. Doch wenn Ihr Protagonist besser als alle anderen durch die Veränderung kommt, macht ihn das unsympathisch. Ihre Mitarbeiter und Mitarbeiterinnen könnten sich im Zugzwang sehen, ebenso einfach mit der Herausforderung klarzukommen. Das kann nur zu Unmut führen.

Stellen Sie sich auf der anderen Seite einen jungen Piratenkapitän vor. Bis vor wenigen Wochen war er noch ein einfacher Schiffsjunge auf einem Schiff des Königs. Doch als dieses in einem Sturm sank, wurde er von Piraten gerettet. Der Kapitän erkannte schnell das Potenzial des Jungen und brachte ihm alles bei, was er wusste. Kurz vor einer wichtigen Schlacht mit dem königlichen Heer nahm der Kapitän dem jungen Mann das Versprechen ab, im Falle seines Todes das Schiff und die Mannschaft zu führen und mit allem zu beschützen, was in seiner Macht steht.

Auch wenn die Geschichte noch weiter ausgearbeitet werden müsste, können Sie sich sicher vorstellen, dass eine solche Geschichte Ihre Mitarbeiter und Mitarbeiterinnen eher fesseln wird als eine über den imaginären Mitarbeiter.

Sie machen sich dabei die Externalisierung zunutze. Das kennen Sie sicher: Während einer Fußball-WM gibt es in Deutschland 80 Millionen Fußballtrainer, weltweit werden es entsprechend mehr sein. Jeder weiß, wie ein Spiel hätte besser laufen können, welche Züge man hätte einplanen müssen und wie man schließlich gesiegt hätte. Genauso ist es auch mit einer Geschichte, die nicht zu nah an den eigenen Geschehnissen ist. Der Protagonist und die Umgebung, in der er lebt, sind nah genug an unserer Realität, dass wir Parallelen ziehen können, aber sie sind weit genug von uns entfernt, dass wir uns nicht mit der Nase darauf gestoßen fühlen. Für den jungen Piratenkapitän haben wir als Empfänger der Geschichte viele Tipps, wie er mit Rückschlägen umgehen, für Ruhe in der Mannschaft sorgen oder alle auf einen Kampf vorbereiten kann.

Checkliste

- Haben Sie mit einem kreativen »Was wäre, wenn …?« den rationalen Teil Ihres Gehirns abgeschaltet?
- Haben Sie einen Protagonisten erschaffen, der weit genug von Ihren Mitarbeitern und Mitarbeiterinnen entfernt ist, mit dem sie sich aber auf einer anderen Ebene identifizieren können?
- Steht Ihr Protagonist vor einer Herausforderung?
- Steht Ihr Protagonist an einer ähnlichen Stelle in der klassischen Change-Kurve (vgl. Kap. 2.1.4)?
- Erstellen Sie eine Persona Ihres Protagonisten. Das hilft Ihnen, Storyelemente aus seinem Blickwinkel zu gestalten.

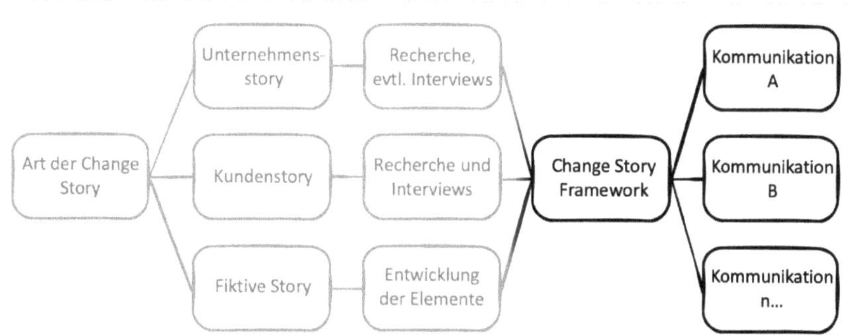

Mit diesem Schritt haben Sie die Informationsbeschaffung weitestgehend abgeschlossen. Der nächste Schritt dient dem Ordnen der Information und dem frühzeitigen Aufdecken von Lücken.

4 Das Change-Story-Framework

Vor einigen Jahren zeigte sich, dass es immer wieder die gleichen Elemente sind, die für eine gute Change Story gebraucht werden: Es tauchen immer wieder die gleichen Figuren auf, sie stehen immer wieder vor Herausforderungen, unterstützen einander und finden Lösungen. Es wurde jedoch auch schnell klar, dass jede Figur, jede Herausforderung und jede Lösung aus unterschiedlichen Blickwinkeln betrachtet werden müssen. So verändern sich beispielsweise die Figuren der Geschichte mit der Zeit und werden anders wahrgenommen, wenn sie auf der Unternehmens-, Projekt- oder Personenebene betrachtet werden. Ich entwickelte ein strukturiertes Framework, mit dem Change-Verantwortliche alle notwendigen Punkte anhand eines Fragenkatalogs durchlaufen können: Das Change-Story-Framework war geboren.

In den folgenden Jahren feilte ich immer weiter daran, bis es keine überflüssigen Elemente mehr enthielt. Damit ist es Change-Verantwortlichen heute möglich, innerhalb kürzester Zeit eine erfolgreiche Change Story zu erstellen, die von Anfang an alles Notwendige enthält. Denn auch wenn eine Change Story mit der Zeit weiter wächst, muss der Anfang solide sein.

Das Framework verbindet Elemente aus der Heldenreise, der Change-Kurve (vgl. Kap. 2.1.4) und dem Golden Circle (vgl. Kap. 4.2.1). Sie erarbeiten damit strukturiert alle Punkte, die Sie für eine erfolgreiche Change Story benötigen. Es ist aufgeteilt in die Elemente *Warum, Wie, Was, Werte, Protagonist, Konflikt, Antagonist, Berater, Plan, Schlüsselmoment, Transformation, Niederlage* und *Sieg*, die wir in den Ebenen *Unternehmen, Projekt, Person, Vergangenheit, Gegenwart* und *Zukunft* betrachten. Im Gegensatz zur Betrachtung in nur einer Ebene wird so die Entwicklung der Elemente über einen längeren Zeitraum und von einer Person bis zum gesamten Unternehmen sichtbar.

Das ist notwendig, um eine Veränderung darstellen zu können. Sie nehmen damit die guten Dinge aus der Vergangenheit auf, die Sie mit in die Zukunft transportieren wollen. Sie skizzieren die Zukunft, wie Sie sie sich nach der Veränderung vorstellen. Und Sie zeigen in der Gegenwart die Dinge auf, die zu tun sind, um beides zu erreichen.

Die Betrachtung der Personenebene ist notwendig, weil die Veränderung der Organisation aus vielen Veränderungen einzelner Mitarbeiter und Mitarbeiterinnen besteht. Dazwischen stehen die Projektteammitglieder, die auf der einen Seite die Veränderung voranbringen wollen, auf der anderen Seite aber auch selbst davon betroffen sind.

Mit diesem Vorgehen können Sie sicherstellen, dass Sie mit Ihrer Change-Kommunikation nicht nur mit einer Momentaufnahme einzelne Personen ansprechen, sondern einen Großteil der Mitarbeiter und Mitarbeiterinnen über einen langen Zeitraum hinweg.

	Unternehmen	Projekt	Person	Vergangenheit	Gegenwart	Zukunft
Warum						
Wie						
Was						
Werte						
Held						
Konflikt						
Antagonist						
Berater						
Plan						
Schlüsselmoment						
Transformation						
Niederlage						
Sieg						

Mit dem Change-Story-Framework können Sie die Elemente Ihrer Change Story lückenlos und unkompliziert ausarbeiten.

4.1 Die Ebenen des Change-Story-Frameworks

Alle Elemente schauen wir uns auf sechs verschiedenen Perspektiven an:

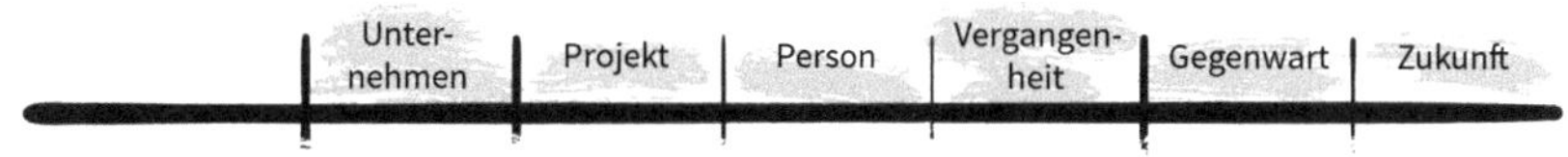

Mit dem Change-Story-Framework werden die einzelnen Elemente der Story aus verschiedenen Perspektiven betrachtet.

Unternehmen

Auf der Unternehmensebene betrachten wir alle Fragen aus dem Fragenkatalog über den gesamten Zeitraum, in dem das Unternehmen existiert, und aus der Perspektive aller Mitarbeiterinnen und Mitarbeiter. Die Antworten spiegeln sowohl die Unternehmenskultur wider als auch die Vorstellung, die Außenstehende von Ihrem Unternehmen haben. Dabei handelt es sich um einen rekursiven Blick der Mitarbeiter und Mitarbeiterinnen: Was denken Sie und die Mitarbeiter und Mitarbeiterinnen aus Ihrem Kommunikationsteam, welche Vorstellung Außenstehende von Ihrem Unternehmen haben?

Das Betrachten dieser Ebene ist besonders dann wichtig, wenn mit dem Change-Projekt die Stellung des Unternehmens gestärkt oder verändert werden soll – was häufig der Fall ist. Für Projekte, in denen ein neues Recruiting-Tool oder der Onlineshop modernisiert werden soll, ist das auch offensichtlich. Doch auch eine Veränderung durch ein neues CRM, die auf den ersten Blick von außen nicht sichtbar ist, wird von Menschen außerhalb des Unternehmens wahrgenommen. Der Vertrieb erfolgt zielgerichtet, die Prozesse werden schneller, die Kundenzufriedenheit steigt.

Projekt

Die Projektebene betrachtet alle Fragestellungen bezogen auf das aktuelle Veränderungsprojekt. Da das Projekt auch Teil des Unternehmens ist, scheinen auf den ersten Blick viele Antworten redundant zu sein. Aber bitte lassen Sie sich nicht täuschen und geben Sie sich selbst bei der Beantwortung etwas mehr Zeit: Das Projekt hat ein eigenes Ziel. Der Projekterfolg wird vermutlich auf die Unternehmensvision einzahlen, aber die Ziele sind nicht identisch. Das Projekt hat einen definierten Start- und Endzeitpunkt. Fragen, die Sie sich also im Zusammenhang mit dem Projekt stellen, sind nur auf einen bestimmten Zeitraum bezogen. Außerdem ist auch nur ein Teil der Mitarbeiterinnen und Mitarbeiter involviert – die Mitglieder des Projektteams, Sponsoren und einzelne Stakeholder, die am Projekterfolg mitarbeiten, sind hier gemeint. Nicht gemeint sind hier die Betroffenen der Veränderung.

Person

Auf der Ebene der Einzelperson wird die Veränderung für ein Individuum beleuchtet. Das wird je nach Anzahl der Mitarbeiter und Mitarbeiterinnen Ihres Unternehmens eine ganz schöne Herausforderung. Aus diesem Grund erarbeiten wir Personae, die stellvertretend für verschiedene Menschen in Ihrem Unternehmen stehen. Beantworten Sie die gestellten Fragen aus der Perspektive der jeweiligen Persona, bekommen Sie einen guten Blick des Individuums auf die Veränderung.

Vergangenheit

Fragen, die auf der Ebene der Vergangenheit beantwortet werden sollen, betrachten alle Punkte, die Unternehmen und Personen in der Vergangenheit beschreiben. Besonders für die Vision und die Werte ist dies wertvoll, aber auch alle anderen Elemente liefern in der Vergangenheitsbetrachtung wichtige Impulse für Ihre Change Story: Wie war der Protagonist, bevor er sich verändern musste? Wie harmlos wirkte der Konflikt, bevor der Protagonist gezwungen war, sich auf den Weg zu machen? Oder wie schwierig schien es, die Transformation zu schaffen, bevor der Schlüsselmoment erreicht war?

Gegenwart

Der Blick auf die Gegenwart umfasst nur einen sehr kurzen Zeitraum. Möglicherweise ist dieser Zeitraum sogar kürzer, als das Projekt dauern wird. Er bildet die Brücken zwischen der Vergangenheit und der Zukunft und beleuchtet aktuelle Herausforderungen und Probleme, aber auch Möglichkeiten, die sich in der Vergangenheit nicht geboten haben.

Zukunft

Der Ausblick in die Zukunft ist besonders spannend. Wie wird unsere Unternehmensvision in der Zukunft aussehen, welche Werte wollen wir vertreten und wie entwickelt sich der Held unserer Change Story weiter? Diese und andere Fragen gilt es hier zu beantworten.

Während die Beantwortung der Fragen bezogen auf die Vergangenheit oder Gegenwart vergleichsweise einfach ist, sind die Fragen, die auf die Zukunft zielen, herausfordernder. Manche Storyteller möchten diese Fragen so schnell wie möglich hinter sich bringen und beantworten sie mit gängigen Floskeln. Weil niemand von uns in die Zukunft sehen kann, sehen sie es als schwierig an, zukünftige Tatsachen zu beschreiben. Doch genau darum geht es eben nicht: Wichtig ist an dieser Stelle nicht, genau zu erklären, wie die Welt nach der Veränderung aussehen wird, sondern auf welches Ziel das Unternehmen aus heutiger Sicht hinarbeitet.

4.2 Grundlegende Elemente des Change-Story-Frameworks

4.2.1 Warum, wie und was

Sicher haben Sie schon einmal von Simon Sineks »Golden Circle« gehört. Er beschreibt damit drei Ebenen in der Kommunikation, die sich mit dem *Was*, dem *Wie* und dem *Warum* befassen. Sinek bezieht das zwar meist auf das Marketing, jedoch lässt es sich auch auf alle anderen Bereiche der zwischenmenschlichen Kommunikation adaptieren. Insbesondere für die Change-Kommunikation ist der Golden Circle sehr wichtig.

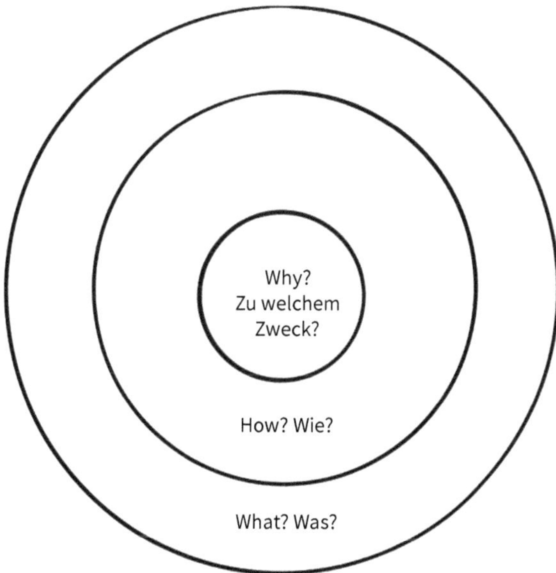

Mit dem Golden Circle beschreibt Simon Sinek, wie inspirierende Persönlichkeiten kommunizieren.

Sinek stellt fest, dass die meisten Unternehmen von außen nach innen kommunizieren, also ihre Kommunikation mit dem *Was* beginnen – die Frage nach dem *Wie* würde erst später beantwortet. Und die Frage nach dem *Warum* wird mitunter gar nicht beantwortet. Sinek plädiert dafür, die Kommunikation umzudrehen, mit dem *Warum* zu beginnen und sich zum *Was* durchzuarbeiten.

Wenn Sie das Thema auch so spannend finden wie ich, empfehle ich Ihnen das Buch von Simon Sinek »Start with Why«[6]. Er beleuchtet dort viele Aspekte, die ich hier höchstens ankratzen kann.

6 Sinek, Simon: Start with Why. How great leaders inspire everyone to take action. Penguin, 2011.

	Unternehmen	Projekt	Person	Vergangenheit	Gegenwart	Zukunft
Warum						
Wie						
Was						

Mit dem Change-Story-Framework betrachten Sie zuerst die Elemente des Golden Circle.

4.2.1.1 Warum?

Ich glaube, dass diese Frage im Deutschen das größte Missverständnis ist, was uns in der Kommunikation passieren kann. Stellen Sie sich vor, Sie sind auf einer Party und stehen mit ein paar neuen Bekannten zusammen. Gegenseitig erzählen Sie sich von Ihrem nächsten Urlaub, den Sie für den Sommer geplant haben. Sie haben vor, zu den Malediven zu reisen. Sie erzählen das und jemand aus der Runde fragt plötzlich: »Warum?« und ist dann still. Wie fühlen Sie sich? Folgender Dialog könnte entstehen:

Sie: Ich werde im Sommer auf die Malediven fliegen.
Bekannter: Warum?
Sie: Äh, da wollte ich schon immer mal hin. [Denkpause] Ja, okay, es ist schon weit und das Fliegen ist nicht so gut für die Umwelt … [Denkpause] Aber ich wollte da halt schon immer mal hin …

Spätestens jetzt fühlen Sie sich in die Ecke gedrängt. Das liegt daran, dass für uns die Frage »Warum?« meist mit Rechtfertigungen und unterschwelligen Appellen verbunden ist. »Warum hast du dein Zimmer nicht aufgeräumt?« heißt für uns: »Was hast du nur die ganze Zeit gemacht? Hättest du dich nicht in der Zwischenzeit vernünftig beschäftigen und dein Zimmer aufräumen können? Fang sofort damit an!«

Vielleicht hätten wir das *Why* aus Sineks Golden Circle besser mit »Wozu? Zu welchem Zweck?« übersetzen sollen. Es ist die Frage nach dem Ziel, das mit einer Handlung erreicht werden soll: Was steckt dahinter? Welche Vision hast du? Was soll anders oder besser sein, wenn du fertig bist?

Wenn wir die Frage so interpretieren würden, würde auch der Dialog anders laufen:

Sie: Ich werde im Sommer auf die Malediven fliegen.
Bekannter: Warum?
Sie: Ich habe vor einiger Zeit Bilder von den Malediven gesehen. Das muss ein absolutes Paradies sein, in dem man Sonne tanken kann. In diesem Jahr war's bei mir so unglaublich stressig und ich wünsche mir viel Sonne, um zur Ruhe zu kommen …

Wer die Frage nach dem *Warum* so beantwortet, überzeugt seine Zuhörer schon zu Beginn seiner Ausführungen. Aus dem *Warum* lassen sich die Gründe und Maßnahmen einfach ableiten und der Zuhörer kann problemlos folgen.

Der Grund dafür ist, dass man mit dem *Warum* das limbische System anspricht. Dieser Teil unseres Gehirns ist für Emotionen zuständig. Hier entstehen Vertrauen und Loyalität. Allerdings kann das limbische System keine Sprache verarbeiten. Kommunikation, die rein auf Fakten beruht, hat keine Chance, das limbische System zu erreichen.

Dieser Teil des Gehirns ist der älteste, den wir haben. Ich sprach eingangs davon, dass Geschichten schon in der Urzeit erfolgreich waren: Wer davon erzählen kann, wie er einem Feind entkommen ist oder ihn überwältigt hat, hat die schwierige Situation offensichtlich überlebt. Praktisches Wissen siegt über theoretische Weisheiten. Und noch immer werden hier die maßgeblichen Entscheidungen für unser tägliches Handeln getroffen.

Wir starten für unsere Change Story also mit dem *Warum* und orientieren uns daran.

Die folgenden Fragen können Ihnen dabei helfen.

Fragen zum Warum

Unternehmen

- Warum gibt es Ihr Unternehmen?
- Was ist der Zweck, der Sinn, den Ihr Unternehmen erfüllt?
- Warum geht es Ihren Kunden besser, wenn sie mit Ihnen zusammengearbeitet oder Ihre Produkte genutzt haben?

Projekt

- Warum haben Sie das Projekt gestartet?
- Was soll anders und besser sein, wenn das Projekt zu Ende ist?
- Woran erkennen Sie, dass das Projekt insgesamt erfolgreich war?
- Wie passt die Vision des Projekts zur Vision des Unternehmens?

Person

- Warum arbeiten Sie in diesem Unternehmen und nicht in einem anderen?
- Woran soll man sich erinnern, wenn Sie einmal das Unternehmen verlassen sollten?
- Welche Teile Ihrer Arbeit würden Sie weiterhin machen, wenn Sie nicht mehr für Geld arbeiten müssten?
- Was würden Ihre Mitarbeiter und Mitarbeiterinnen im Unternehmen gern weiterhin tun, wenn sie nicht mehr für Geld arbeiten müssten?

Vergangenheit

- Mit welcher Vision ist Ihr Unternehmen seinerzeit gegründet worden?
- Waren in der Vergangenheit andere Dinge wichtig, deretwegen das Unternehmen gegründet wurde?
- Welche Punkte aus der alten Version sind heute dennoch weiterhin zutreffend?

Gegenwart

- Was von dieser Vision ist derzeit noch vorhanden und was müsste dringend überarbeitet werden, weil es nicht mehr zu den heutigen Standards passt?
- Was hat sich daran schon geändert und warum?
- Welche Ziele möchte das Unternehmen heute erreichen, die früher noch gar nicht absehbar waren?

Zukunft

- Wie soll die Vision Ihres Unternehmens nach der Veränderung aussehen?
- Welche Punkte sind aus der Vergangenheit und der Gegenwart später auch noch vorhanden? Welche nicht und warum?
- Wie müssen Sie als Unternehmen sich neu erfinden?

4.2.1.2 Wie?

Das *Wie* ist wahrscheinlich ein unterschätztes Element im Golden Circle. Die Antwort auf diese Frage hängt stark davon ab, von welcher Seite aus jemand einen Sachverhalt betrachtet.

Die Antwort auf die Frage, *wie* etwas umgesetzt werden soll, ist die Verbindung zwischen der Vision und der konkreten Umsetzung einzelner Schritte. Damit bezieht sich die Frage immer auf den vorhergehenden Schritt: Fängt man mit dem *Was* an, fragt das *Wie* nach einem Plan zur Umsetzung – fängt man mit dem *Warum* an, zielt das *Wie* auf einen Plan zur Zielerreichung.

Im folgenden Beispiel wird das noch transparenter:

Beispiel: Warum? – Wie? – Was?

Warum: Wir möchten als Unternehmen attraktiver für potenzielle Bewerber werden.
Wie: Indem wir sie über ihre präferierten Kanäle mit uns vertraut machen, noch bevor sie sich bei uns beworben haben. Wir begeistern sie von uns als Unternehmen und wecken den Wunsch, mit uns zusammenzuarbeiten.
Was: Um das zu erreichen, führen wir ein neues Recruiting-Tool ein, mit dem wir den Überblick über die Herkunft der Bewerber bekommen.

Dreht man das Beispiel um, fallen die Antworten vollkommen anderes aus. Die Antwort auf die Frage nach dem *Warum* bezieht sich dann auf den Weg, auf dem die Veränderung erreicht werden soll, und damit auf das *Wie*.

Beispiel: Was? – Wie? – Warum?

Was: Wir führen ein neues Recruiting-Tool ein.
Wie: Der Projektplan sieht vor, dass das Tool in Wellen für alle Standorte nacheinander ausgerollt wird.
Warum: Die schrittweise Umsetzung in Wellen unterstützt das Projekt dabei, die erwartete Qualität zu halten.

Abgesehen davon, dass die Frage nach dem *Warum* je nachdem, an welcher Stelle sie gestellt wird, zwei völlig unterschiedliche Antworten hervorbringt, erkennen Sie wahrscheinlich, dass das *Wie* eine Verbindung zwischen dem Plan und der gewünschten Veränderung ist. Es baut sozusagen eine Brücke zwischen dem aktuellen und dem angestrebten Zustand.

Auf alle Fragen – das *Warum*, das *Wie* und das *Was* – sollten Sie also unbedingt eine Antwort haben. Es ist wichtig und richtig, mit einer Vision in ein Projekt zu starten. Jedoch sollten Sie auch konkrete Schritte kennen und benennen können, mit denen Sie diese Vision erreichen können.

Der nachfolgende Fragenkatalog hilft Ihnen dabei, dass *Wie* in allen Ebenen des Change-Story-Frameworks zu beschreiben.

Fragen zum Wie

Unternehmen

- Wie geht Ihr Unternehmen vor, um seine Kunden glücklich zu machen?
- Was macht Ihr Unternehmen anders als andere?
- Was sehen andere Unternehmen bei Ihnen als nachnamenswert an?

Projekt

- Welche Schritte durchläuft das Projekt?
- Gibt es besondere Methoden oder Frameworks, nach denen im Projekt gearbeitet wird?
- Welche Strukturen gibt es?

Personen

- Welches Vorwissen bringen die Personen mit?
- Wie divers ist das Projektteam und welche Herausforderungen und Möglichkeiten ergeben sich daraus?
- Wie heterogen sind die Stakeholder und welche Bedürfnisse lassen sich daraus ableiten?

Vergangenheit

- Wie wurden in der Vergangenheit Projekte wie dieses durchgeführt?
- Welche unausgesprochenen Verhaltensweisen gibt es schon lange?
- Wie wurde früher Problemen begegnet?

Gegenwart

- Welche neuen Arbeitsweisen gibt es in der Gegenwart?
- Wie begegnen Menschen heutigen Herausforderungen?
- Welche Verhaltensweisen haben sich eingeschlichen, die Sie gut finden? Welche finden Sie nicht gut?

Zukunft

- Woran sollen in Zukunft externe Stakeholder als Erstes denken, wenn sie an Ihr Unternehmen denken?
- Wie verändert das Projekt, wie Sie in Zukunft auf Herausforderungen reagieren?
- Welche neuen Methoden und Fähigkeiten wollen Sie lernen, die Sie auch in Zukunft nutzen?

4.2.1.3 Was?

Das *Was* ist, wenn man mit dem *Warum* startet und über das *Wie* überleitet, die sichtbar beste Möglichkeit, mit der das Projekt die Vision erreichen kann. Es ist so offensichtlich hergeleitet, dass der Zuhörer an dieser Stelle nur nickend zustimmen kann.

Bestimmt gäbe es an dieser Stelle noch andere Möglichkeiten, die Frage nach dem *Was* zu beantworten. Durch die gut hergeleitete Antwort kommt der Zuhörer jedoch gar nicht erst auf die Idee, über andere Lösungen nachzudenken.

Das hergeleitete *Was* für die Einführung einer Terminbuchungssoftware und einer Prozessveränderung in einem kleinen Versicherungsunternehmen könnte möglicherweise so aussehen:

Prozessveränderung in einem Versicherungsunternehmen

Wir wünschen uns eine Welt, in der kranke Menschen sich auf ihre Genesung konzentrieren können und nicht unnötig Zeit und Energie in Papierkram stecken müssen.
Darum haben wir ein Angebot für unsere Kunden, bei dem sie lediglich die Belege für Heil- und Hilfsmittel bei uns einreichen, die sie vorab selbst bezahlt und für die sie die Kosten erstattet haben möchten. Ein Mitarbeiter oder eine Mitarbeiterin erfragt anschließend in einem Telefongespräch alles, was für den Antrag auf Kostenübernahme noch notwendig ist. Oft erreichen wir unsere Kunden jedoch erst beim zweiten oder dritten Anruf. Das kostet uns oft zu viel Zeit, die wir dann umrechnen und auf die Versicherungsverträge umlegen müssen.
Damit das nicht mehr passiert, führen wir eine Software zur Terminbuchung ein. Wenn unsere Kunden über unsere Website ihre Belege hochladen, buchen sie gleichzeitig einen 15-minütigen Termin, der in ihren Kalender passt. An diesem Termin gehen wir dann entlang eines neuen Leitfadens die offenen Fragen durch.

Die Frage nach dem *Was* lässt sich für die meisten wahrscheinlich am einfachsten beantworten.

Fragen zum Was

Unternehmen

- Was macht Ihr Unternehmen?
- Was ist in Ihrem Unternehmen gut beziehungsweise gar nicht gut?
- Was machen andere Unternehmen, was Sie auch gern tun würden?

Projekt

- Was passiert im Projekt?
- Welche Aufgaben erwarten andere, dass sie im Projekt erledigt werden?
- Für welche Aufgaben sieht man sich im Projekt verantwortlich und welche Lücke entsteht daraus?

Person

- Welche übergeordneten Aufgaben haben einzelne Personen außerhalb des Projekts?
- Was beziehungsweise welches Ergebnis wird von Ihnen erwartet?
- Was tun Sie explizit für den Erfolg des Projekts?

Vergangenheit

- Was hat das Unternehmen früher gemacht, was heute nicht mehr geht?
- Was haben Außenstehende wie Kunden oder Lieferanten vom Unternehmen früher erwartet?
- Wie haben sich diese Erwartungen verändert?

Gegenwart

- Warum ist dieses Projekt notwendig?
- Welche Trends hat das Unternehmen bis heute erfolgreich erkannt oder übersehen?
- Welche Trends zeichnen sich schon jetzt ab, werden aber bisher noch nicht ernst genommen?

Zukunft

- Wofür soll das Unternehmen in der Zukunft bekannt sein?
- Für welches Produkt oder welche Dienstleistung, welche Arbeitskultur oder Werte soll es in Zukunft hoch angesehen sein?
- Was könnte passieren, wenn das Gegenteil eintritt?

4.2.2 Werte

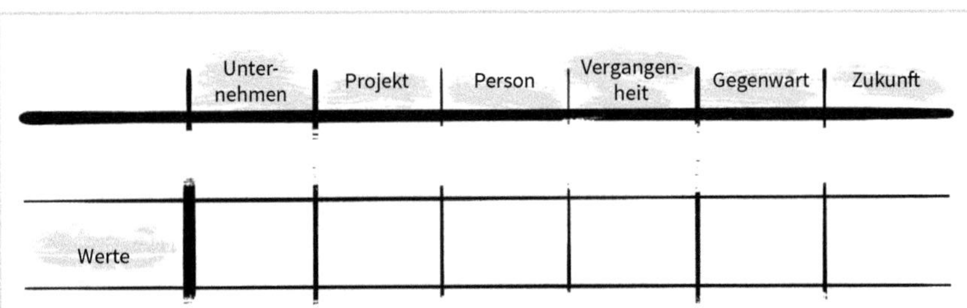

Die Betrachtung der Werte hilft dabei, eine Change Story zu erstellen, die genau zum Unternehmen passt.

Die Werte sind ein wichtiges, wenn nicht sogar das entscheidende Element der gesamten Change Story.

Change ohne Rücksicht auf Werte

Mitte der 1980er-Jahre erzählte mein Vater viele Geschichten von seiner Arbeit bei der *Ruhrkohle AG*. Er erzählte davon, wie er mit seinen Kumpeln eine Pause machte und mit ihnen zusammen unter Tage auf der Kohlenkiste sitzend Butterbrote aß. Er erzählte von Streichen, die sie sich gegenseitig gespielt hatten. Aber er erzählte auch von Schwierigkeiten oder Unfällen, die passiert waren, und wie sich alle gegenseitig unterstützten. Man verstand sich

als eine eingeschworene Gemeinschaft, in der Dinge wie Bodenständigkeit, Loyalität und Fleiß wichtig waren. Mit der Kohle förderte man ein Millionen Jahre altes Produkt zutage, was auch zu einer Haltung führte, auf Altbewährtes zu setzen und neue Trends besonders kritisch zu hinterfragen.
Mitten in dieser Zeit, als das Schließen der Zechen langsam immer näher rückte, entschied die *Ruhrkohle AG*, in einigen Bereichen Kaizen für kontinuierliche Verbesserungen einzuführen. Führungskräfte wie mein Vater wurden darüber informiert und sollten die Veränderung weiter ins Unternehmen tragen.
Das ging gründlich in die Hose. Zum einen verstand niemand, inwiefern die Einführung von Kaizen irgendeinen Nutzen bringen könnte. Schlimmer noch war die Tatsache, dass die Mitarbeiter die Einführung als gegenteilig zu ihren Werten und Überzeugungen empfanden. Sie sahen die Maßnahme als abgehobenen Trend und sprachen von »Managerquatsch aus Büros, in denen keiner Ahnung hat, wie die Zeche funktioniert«.
Außerdem hatten alle schon Sorge um ihre Arbeitsplätze. Allen war bewusst, dass sich der Steinkohlebergbau auf Dauer nicht halten würde. Die meisten von ihnen hatten noch nie im Leben woanders gearbeitet und wussten nicht, was sie in Zukunft tun sollten.
Ich erinnere mich noch gut daran, wie aus »Kaizen« »Kein Sinn« wurde. An eine erfolgreiche Umsetzung war da nicht mehr zu denken.

Das Beispiel zeigt gut, warum es so wichtig ist, sich die Werte und Überzeugungen im Unternehmen genau anzusehen. Eine Veränderung, von der die Mitarbeiter und Mitarbeiterinnen glauben, dass sie an diesen Werten kratzt, ist besonders in Gefahr.

Die Change Story muss die Werte und Überzeugungen aufnehmen, in die Zukunft transportieren und aufzeigen, warum sie durch weitere Werte ergänzt werden müssen.

Werte sind vielfältig, und wenn Sie Ihre Mitarbeiter und Mitarbeiterinnen befragen, welche Werte ihnen im Unternehmen besonders wichtig sind, werden Sie möglicherweise alle ins Grübeln bringen und dann einzelne Wörter präsentiert bekommen, die in jeder Standard-Unternehmensbroschüre vorkommen, jedoch nichts aussagen. Gunther Dueck sagte in einem Vortrag darüber, dass das die Dinge sind, die auf Kaffeetassen gedruckt werden. Mehr passiert nicht.

Sie wollen aber die richtigen, *echten* Werte – die Überzeugungen, die in Ihrer Belegschaft tief sitzen und ihr wirklich wichtig sind. Der Weg, an diese heranzukommen, ist so einfach, dass es mir schon fast peinlich ist, es explizit hinzuschreiben: Lassen Sie sich von diesen Werten erzählen.

Als ich Ihnen gerade von meinem Vater und seinen Kumpeln erzählte, die unter Tage auf einer Kohlenkiste sitzen und Butterbrote essen, hatten Sie vermutlich gleich ein Bild vor Augen: Männer in schmutziger Arbeitskleidung und mit Sicherheitshelmen, die Hände und die Gesichter schwarz von Kohlenstaub. Möglicherweise haben Sie auch gleich das Gefühl der Zusammengehörigkeit gespürt. Aus solchen Erzählungen können Sie Werte im Unternehmen viel besser herausfiltern, als es Ihnen durch eine Befragung möglich wäre.

Fragen zu den Werten

Unternehmen

- Welche Werte herrschen in Ihrem Unternehmen wirklich vor? Auf welche Werte sind Sie besonders stolz, auf welche weniger?
- Welche Werte würden Sie gern vertreten?

Projekt

- Welche Werte herrschen im Projekt? Wie unterscheiden sich diese Werte von denen im Unternehmen?
- Welche Werte könnte das Projekt langfristig im Unternehmen platzieren?

Person

- Welche Werte haben einzelne Personen?
- Welche Werte sind Ihnen besonders wichtig?
- Welche dieser Werte können für das Ziel des Projekts förderlich oder hinderlich sein?

Vergangenheit

- Welche Werte waren in der Vergangenheit dienlich?
- Welche waren früher wichtig, um das Unternehmen überhaupt erst erfolgreich zu machen?
- Welche Werte gab es früher, die heute nicht mehr üblich sind?

Gegenwart

- Welche Werte haben sich in der Gesellschaft heute neu entwickelt?
- Welche Werte brauchen Unternehmen heute, um für Stakeholder ansprechend zu sein?
- Welche Werte würden Sie gern jetzt schon stärken?

Zukunft

- Welche Werte werden in der Zukunft immer wichtiger?
- Wie implementieren Sie diese Werte nachhaltig in Ihrem Unternehmen?
- Welche Werte wollen Sie darüber hinaus für die Zukunft entwickeln?

4.3 Storyelemente des Change-Story-Frameworks

4.3.1 Protagonist

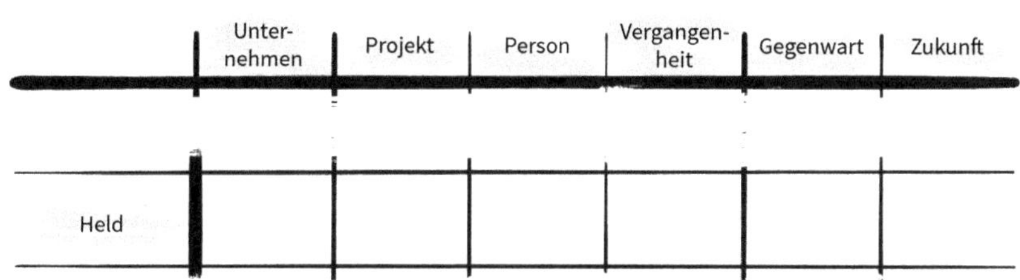

Der Held Ihrer Change Story ist das wichtigste Element, bei dem die meisten Fehler passieren können.

Keine Geschichte kommt ohne einen Protagonisten oder eine Protagonistin aus. Das ist die Figur, mit der wir alle mitfiebern, wenn sie sich auf ihre Mission begibt. Sie hat Eigenschaften und Werte, die allen Empfängern bekannt sind und mit denen sie sich sofort identifizieren können. Sie startet meist klein und unscheinbar. Gäbe es keinen Grund zum Handeln, würde sie ihr ruhiges und beschauliches Leben einfach weiterführen. Doch im Laufe der Geschichte wächst die Figur und entwickelt Fähigkeiten, von denen sie anfangs nur träumen konnte. Das macht sie in den Augen der Empfänger meist zum Helden bzw. zur Heldin.

Nach diesem Helden und seiner Entwicklung hat der Story-Plott, den wir als Basis verwenden, seinen Namen: die Heldenreise.

Viele Storyteller, die gerade erst mit ihrer Tätigkeit beginnen, neigen dazu, sich selbst, das Projekt oder das Unternehmen als Helden zu platzieren. Wir alle wollen insgeheim Helden sein, Gutes tun und dafür gefeiert werden. Doch was bleibt dann für den Empfänger der Geschichte übrig? Er ist nur noch ein Beobachter, der außen steht und dem Helden applaudiert. Schlimmer kann es nur noch kommen, wenn der Empfänger zum Opfer gemacht wird, das vom Helden, also dem Projekt, gerettet werden muss.

Und damit ist auch gleich klar, wer in Ihrer Change Story der Held sein muss: Es ist jemand, mit dem sich Ihre Mitarbeiter und Mitarbeiterinnen identifizieren können. Jemand, der in einer ganz ähnlichen Situation ist und vor ganz ähnlichen Schwierigkeiten steht. Der Held der Geschichte muss einer von ihnen sein.

In den vorherigen Schritten haben Sie Ihren Protagonisten praktisch schon festgelegt. Haben Sie sich für die Unternehmensgeschichte entschieden, ist der Protagonist meist der Gründer. Kunden, Lieferanten oder Bewerber sind die Hauptfiguren von Kundengeschichten. Und die Hauptfigur Ihrer fiktiven Geschichte ist eine erdachte Figur.

Sie müssen die Hauptfigur in diesem Schritt also nicht erfinden, sondern ihr »nur noch« ein Gesicht und den Feinschliff verpassen.

Der Protagonist der Story muss die Möglichkeit haben, sich weiterzuentwickeln. Es ist also wichtig, dass er oder sie ein ruhiges Leben führt und sich in Bezug auf eine Veränderung irgendwo im Mittelfeld befindet. Denken Sie an Frodo, der anfangs einfach zufrieden mit seinem geruhsamen Leben in einer Hobbithöhle saß. Er war weder besonders mutig oder heldenhaft noch besonders kratzbürstig oder ablehnend. Hätte er den Ring einfach wieder in den Fluss geworfen, hätte die Geschichte ein ziemlich schnelles Ende gefunden. Doch Frodo als Protagonist konnte sich weiterentwickeln und wuchs an seiner Aufgabe mit jedem Schritt. Wer hätte in den ersten Szenen seines Auszugs aus dem Auenland gedacht, dass er zum Schluss am Schicksalsberg stehen würde, nachdem er sich durch Orks, Spinnen und andere Gegner gekämpft hatte?

Auch wenn das jetzt befremdlich klingen mag, brauchen Sie für den Protogonisten anfangs eine liebevolle Haltung. Sie können das ein wenig mit einem Nachbarskind vergleichen, das Sie grundsätzlich mögen: Sie sehen es durchaus auch kritisch (das geht ja bei den eigenen nicht so einfach, deswegen das Nachbarskind), sehen aber auch die unendlichen Entwicklungsmöglichkeiten, die sich ihm auftun, wenn man es nur sanft und liebevoll lenkt.

Achten Sie also darauf, dass Ihr Protagonist nicht schon am Ende der Entwicklungsleiter angekommen ist, wenn er in die Story einsteigt. Er darf aber auch nicht so weit unten stehen, dass er nach den ersten Schwierigkeiten gleich wieder aussteigt.

Dabei sind ihm Werte behilflich. Warum macht Ihr Protagonist weiter, wenn es mal schwierig wird? Spätestens jetzt wird sichtbar, wenn Ihre Personae an dieser wichtigen Stelle noch Lücken haben. Dann sollten Sie noch einmal zum Kapitel der Personaentwicklung (vgl. Kap. 2.1.3) springen und diese Aspekte ergänzen.

Andernfalls betrachten wir den Protagonisten nun in den verschiedenen Ebenen.

Fragen zum Protagonisten

Unternehmen

- Wie sieht der Protagonist das Unternehmen oder das System, in dem er als erdachte Figur lebt, dessen Vision und Ziele?
- Könnte sich der Protagonist mit den Prozessen anfreunden?
- Wie sieht das Unternehmen oder das System den Protagonisten? Gäbe es für ihn im Unternehmen typische Spitznamen?

Projekt

- Wie steht der Protagonist zum Projekt? Ist er mit der Veränderung einverstanden, freut er sich vielleicht sogar darauf oder lehnt er sie ab?
- Wie sieht das Projekt den Protagonisten? Ist er selbstständig oder muss er eng geführt werden?
- Wäre der Protagonist eine reale Person im Projekt, welche Rolle könnte er dann abdecken?

Person

- Wie sieht der Protagonist die Unternehmenslenker oder Schlüsselpersonen aus dem Unternehmen?
- Wäre der Protagonist eine Person in Ihrem Unternehmen, in welchem Büro würde er sitzen? Allein oder mit jemandem zusammen?
- Welche Eigenschaften machen den Protagonisten besonders sympathisch oder unsympathisch?

Vergangenheit

- Wo war der Protagonist, bevor er an die aktuelle Stelle kam?
- Welche Aspekte aus seiner Vergangenheit haben ihn besonders geprägt?
- Vor welchen Herausforderungen stand er bisher schon, welche hat er gemeistert?

Gegenwart

- Wie fühlt sich der Protagonist gerade jetzt in Bezug auf die Herausforderung?
- Was an der aktuellen Situation beunruhigt ihn, lässt ihn schlecht schlafen?
- Was gefällt ihm gut und warum?

Zukunft

- Was stellt sich der Protagonist für seine Zukunft vor, was möchte er noch erreichen und was in Zukunft vermeiden?
- Sieht der Protagonist seine Pläne für die Zukunft selbst als realistisch an?
- Wie stellt sich der Protagonist das Ende der Herausforderung und die Zeit direkt danach vor?

4.3.2 Konflikt

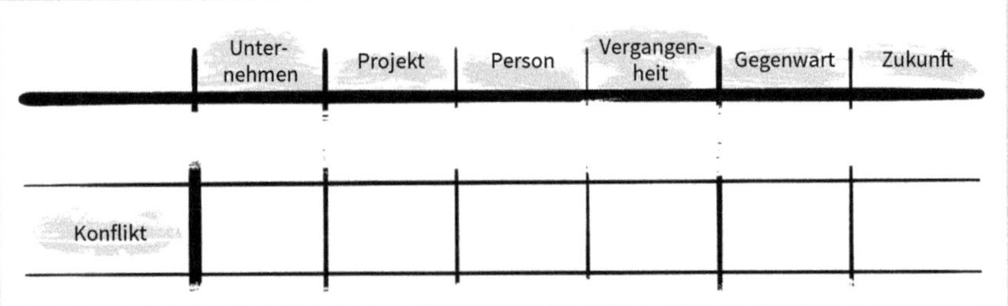

Für eine facettenreiche Change Story ist es wichtig, äußere und auch innere Konflikte des Helden zu beleuchten.

Keine Story ohne Konflikt. Ein Konflikt schafft überhaupt erst die Notwendigkeit, etwas an der aktuellen Situation zu ändern. Dabei gibt es für einen vielschichtigen Helden, mit dem sich die Empfänger Ihrer Change Story wirklich identifizieren können, sogar mehr als nur einen Konflikt.

Der äußere Konflikt ist sichtbar und entsteht durch die Lücke zwischen Wirklichkeit und Wunsch. Ausgelöst wird er durch äußere Einflüsse und der Held hat kaum Einfluss darauf, ob und wann er auftritt.

Häufig entstehen äußere Konflikte, wenn sich eine Situation ändert und dem Helden einer Geschichte das Leben wie bisher nicht mehr möglich ist. Nur selten ist der Auslöser, dass der Held ein neues, größeres Ziel erreichen möchte, sich aber die Lebensumstände nicht verändert haben. Es ist wie im realen Leben auch: Wenn wir die Möglichkeit haben, am Strand unter Palmen in der Hängematte zu liegen, tun wir das. Und zwar genau so lange, bis die Flut kommt und uns zwingt, uns zu bewegen. In dieser Situation aufstehen und aus eigenem Antrieb eine Runde am Strand joggen, das machen nur die wenigsten. Deswegen sind solche Konflikte auch in einer Change Story weniger glaubwürdig. Im nächsten Kapitel schauen wir uns auch den Antagonisten genauer an, der maßgeblich an dem Konflikt beteiligt ist. Nutzen Sie das so gut wie möglich aus.

Der innere Konflikt hingegen passiert, weil dem Helden etwas fehlt – vielleicht sogar nur vermeintlich. Das kann von Mut bis zur Fähigkeit zu schwimmen alles sein.

Durch den inneren Konflikt wird die Story erst glaubwürdig und interessant. Ihre Nutzer wissen, dass sich ein Held nicht einfach ohne Zweifel und Sorgen auf den Weg in ein Abenteuer machen würde – weil es ihnen selbst so geht. Wir sehen häufig nur die glatte, glänzende Hülle, die uns andere Menschen zeigen. Zu sehen, dass auch andere, wenn vielleicht auch nur fiktivere Charaktere mit Problemen und Sorgen kämpfen, macht sie authentisch und sympathisch. Für eine Story, die Menschen zu einer Veränderung bewegen soll, ist das nur ein Gewinn.

Doch gerade der innere Konflikt wird häufig zu flach behandelt.

Innerer Konflikte machen Storys spannender

Ein Unternehmen führte eine neue Buchhaltungssoftware ein. Damit änderten sich auch Prozesse und Zuständigkeiten. Der Protagonist der Change Story war eine fiktive Figur, eine junge Frau mit Teamleitungsfunktion im mittleren Management. Ihr äußerer Konflikt war der Konkurrenzkampf mit dem Wettbewerb. Zahlungen gingen selten pünktlich raus, Skonti wurden so praktisch nie in Anspruch genommen. Die Lieferanten priorisierten Lieferungen nicht mehr so hoch, wenn ein Auftrag von einem Mitbewerber reinkam.
Den inneren Konflikt wollte das Kommunikationsteam schnell durchwinken:

- Sorge davor, ein neues Programm zu lernen und neue Prozesse nutzen zu müssen, ohne die Möglichkeit zu haben, wieder einen Schritt zurück zu machen
- trotz dieser eigenen Sorge das Team für diese Veränderung begeistern zu sollen

Wir arbeiteten uns an dieser Stelle noch etwas tiefer in die Persona ein und fanden noch weitere Konflikte, die die Story später interessanter machten und einige Handlungen besser erklärten:

- Unverständnis und Hadern mit der Unternehmensleitung, die Veränderung »auf den letzten Drücker« angestoßen zu haben
- Angst davor, dem Druck nicht gewachsen zu sein, der auf sie zukommen würde
- der erste Anflug einer inneren Kündigung und Wechselgedanken, vielleicht zu einem Mitbewerber

Immer wieder stellt sich die Frage, ob auch private Konflikte dazuzählen und ob sie in einer Change Story auftauchen sollen. Das hängt von verschiedenen Faktoren ab. Fragen Sie sich selbst: Würde die Change Story für Ihr Projekt dadurch bereichert, wenn ein privater Konflikt einfließen würde? Das könnte beispielsweise dann der Fall sein, wenn Sie neue Arbeitsmodelle einführen möchten und so Ihre Mitarbeiter und Mitarbeiterinnen öfter im Homeoffice arbeiten würden. Zahlt der private Konflikt nicht auf die Story ein, lassen Sie ihn lieber weg.

Machen Sie es sich selbst und Ihren Nutzern an dieser Stelle nicht zu kompliziert. Die Change Story sollte einfach bleiben und kein Roman werden.

Fragen zum Konflikt

Unternehmen

- Wie wirkt sich die aktuelle Herausforderung auf das Unternehmen aus?
- Fühlt sich das Unternehmen insgesamt der Herausforderung gewachsen?
- Wie verbunden fühlen sich Mitarbeiter und Mitarbeiterinnen mit dem Unternehmen, haben sie schon innerlich gekündigt?

Projekt

- Welche Konflikte gibt es innerhalb des Projekts zwischen Personen oder mit dem Ziel des Projekts?
- Fühlt sich das Projektteam gut aufgestellt?
- Welche Rollenkonflikte gibt es oder werden durch unklare Aufteilung ausgelöst? Welche wurden von Anfang an erfolgreich überwunden?

Person

- Welcher innere moralische Konflikt besteht oder wird durch beispielsweise Angst, Wut oder Schuld ausgelöst?
- Stehen Personen vor schwierigen Entscheidungen?
- Was wünschen sich einzelne Personen und können es dennoch nicht erreichen?

Vergangenheit

- Mit welchen Herausforderungen musste man sich in der Vergangenheit auseinandersetzen?
- Welche inneren Konflikte waren in der Vergangenheit üblich, beispielsweise Rollenkonflikte?
- Wie wurde in der Vergangenheit mit inneren und äußeren Konflikten umgegangen?

Gegenwart

- Gibt es innere oder äußere Konflikte, die heute häufiger auftreten?
- Besteht ein Zielkonflikt, wird also heute schon auf unterschiedliche Ziele hingearbeitet?
- Welche anderen Spannungsarten bestehen heute, die auch schon unterschwellig zu Konflikten führen können?

Zukunft

- Welche Konflikte müssen in der Zukunft zwingend gelöst sein?
- Welche Konflikte können wir auch in der Zukunft noch aushalten?
- Welche Konflikte können in der Zukunft noch entstehen, die heute schon absehbar sind?

4.3.3 Antagonist

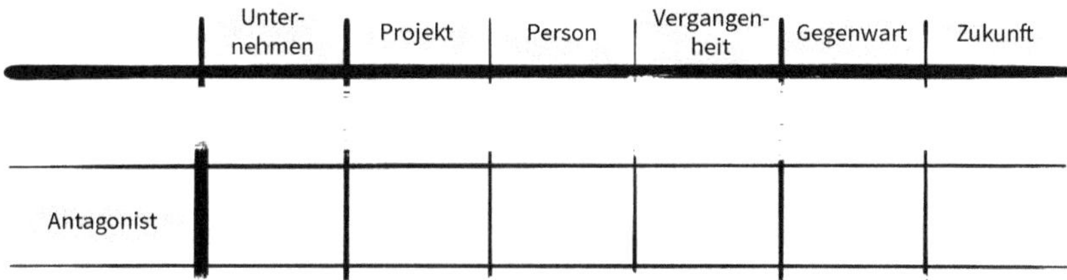

Der Antagonist in Ihrer Change Story muss nicht zwangsläufig eine Person sein – es können auch Entwicklungen oder Trends sein.

In jeder Story gibt es auch immer einen fiesen Schurken. Es braucht einen Antagonisten, damit eine Figur zum Helden werden kann. Dieser Antagonist verkörpert alles, was dem Protagonisten schaden könnte oder an seinen Werten und Überzeugungen rüttelt. Er kann viele Namen haben: Bösewicht, Schurke, Problem, Herausforderung … Entscheiden Sie, was zu Ihrem Projekt und zu Ihrer Change Story am besten passt.

Ihr Antagonist muss noch nicht einmal eine Person sein. Auch äußere Einflüsse wie steigende Benzinpreise, verschärfte Gesetzte und Regularien oder veränderte Umwelteinflüsse eignen sich hervorragend. Viele von uns haben in den letzten zwei Jahren schmerzlich erlebt, dass sogar ein kleines Virus diese Rolle übernehmen kann. Ich habe festgestellt, dass es für viele Change-Projekte sogar gut ist, wenn der Antagonist keine Person ist. Für viele Mitarbeiterinnen und Mitarbeiter ist es dann einfacher, nach einer Lösung zu suchen, wenn sie nicht das Gefühl haben, gegen eine Person zu kämpfen.

Für Ihre Change Story ist es wichtig, dass der Antagonist nicht aus den eigenen Reihen kommt. Auch wenn Ihre Mitarbeiterinnen und Mitarbeiter anfangs das Projekt selbst als böse empfinden, ist dafür eine andere Rolle vorgesehen. Im Unternehmen müssen sich Ihre Mitarbeiterinnen und Mitarbeiter sicher fühlen können. Ist der Antagonist schon im Unternehmen, wäre es so wie beim Trojanischen Pferd. Das führt dazu, dass jeder jedem mit Misstrauen begegnet – eine denkbar schlechte Voraussetzung für einen erfolgreichen Change.

Der Antagonist sollte lieber den Grund für die Veränderung verkörpern. Etwas, wogegen das gesamte Unternehmen kämpfen muss – und das tut es, indem es sich verändert.

Dabei dürfen Sie in der Beschreibung ruhig ins Detail gehen. Ihre Mitarbeiter und Mitarbeiterinnen sollten schon während der Beschreibung des Antagonisten den Wunsch verspüren, etwas gegen ihn zu unternehmen. Das erreichen Sie am besten mit negativ behafteten Adjektiven:

- die *überhöhten* Benzinpreise
- das *hinterlistige* Virus
- die *undurchdringlichen* Regularien

Damit wissen Ihre Mitarbeiter und Mitarbeiterinnen auch sofort, dass es sich hier um den Bösewicht handelt. Es bleiben keine Fragen offen.

Ein Antagonist reicht vollkommen aus. Überfordern Sie Ihre Mitarbeiter und Mitarbeiterinnen nicht, indem Sie ihnen gleich mehrere Antagonisten zum Bekämpfen präsentieren. Sie wollen keine Panik verbreiten und Ihre Mitarbeiter und Mitarbeiterinnen auch nicht in Schockstarre verfallen lassen.

Der Protagonist kämpft aber nicht nur mit einem äußeren Problem, also dem Schurken, der sein Vorhaben vereiteln möchte. Zusätzlich kämpft er gegen innere Probleme. Häufig fragt er sich, ob er der Aufgabe gewachsen ist und ob seine Schritte richtig waren. Diese inneren Probleme sind für den Protagonisten häufig schwerer zu überwinden als die äußeren.

Auch Ihre Mitarbeiter und Mitarbeiterinnen haben solche inneren Probleme. Sie fragen sich, ob sie im Unternehmen nach der Veränderung überhaupt noch gebraucht werden, ob sie den neuen Prozessen gewachsen sind und ob sie mit der modernen Software überhaupt umgehen können. Vergessen Sie daher nicht, das innere Problem anzusprechen.

Fragen zum Antagonisten

Unternehmen

- Was ist die Ursache dafür, dass sich im Unternehmen etwas verändern muss?
- Wie würde sich das Unternehmen entwickeln, wenn es sich nicht verändert?
- Wie groß ist der Antagonist im Vergleich zum Unternehmen, wenn Sie sich beide als Personen vorstellen würden?

Projekt

- Sieht das Projekt den Antagonisten mit Angst oder stellt es sich ihm kämpferisch in den Weg?
- Wie groß sind Antagonist und Projekt relativ zueinander, wenn Sie sie sich als Personen vorstellen?
- Hat das Projekt schon die Achillesferse des Antagonisten entdeckt?

Person

- Welche Eigenschaften hat der Antagonist als Person – ist er groß oder klein, schnell oder langsam, schlau oder dumm?
- Wovon ist der Antagonist beeindruckt, wovor hat er Respekt, wovor Angst?
- Was erfreut ihn wirklich, worüber reibt er sich schadenfroh die Hände?

Vergangenheit

- Wer oder was war der Antagonist in der Vergangenheit, bevor er zu der aktuellen Herausforderung wurde?
- Wurde er schon immer als Antagonist gesehen?
- Was ist passiert, dass er zum Antagonisten wurde?

Gegenwart

- Was macht den Antagonisten so gefährlich und warum ist er jetzt gefährlicher als gestern oder morgen?
- Wann wurde er so sichtbar, wie er es jetzt ist?
- Warum ist jetzt genau der richtige Zeitpunkt, etwas gegen ihn zu unternehmen und nicht noch zu warten?

Zukunft

- Wird der Antagonist in Zukunft von allein schwächer oder wird er immer stärker, wenn man ihn nicht bekämpft?
- Altert der Antagonist?
- Wie lange wird er so gefährlich sein, wie er es jetzt ist, wenn man nichts tut?

4.3.4 Berater

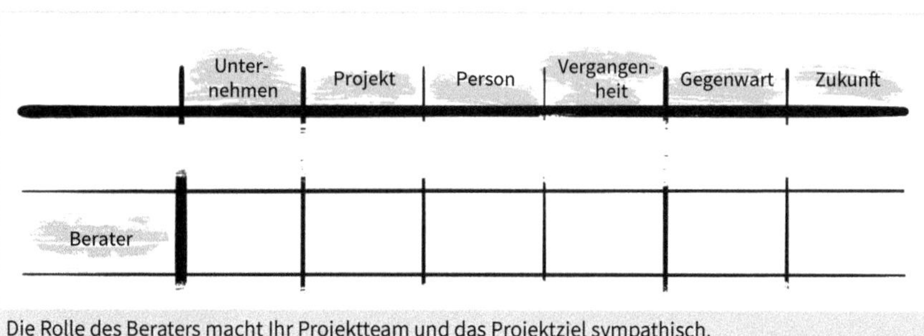

Die Rolle des Beraters macht Ihr Projektteam und das Projektziel sympathisch.

Haben Sie sich schon gefragt, wann Sie mit Ihrem Projekt endlich in der Change Story auftauchen? Jetzt ist es so weit.

Auf den ersten Blick ist die Rolle des Beraters unspektakulär. Jeder von uns möchte der Held sein und im Rampenlicht stehen. Die Lorbeeren dafür, den Antagonisten geschlagen zu haben, gehören allerdings nicht uns. Das hat einen guten Grund: Die Rolle des Beraters macht uns in erster Linie sympathisch. Wer sich selbst nicht so wichtig nimmt und sich auch nicht ständig in den Mittelpunkt rückt, wird von anderen als sympathisch eingestuft. Das stärkt das Vertrauen Ihrer Mitarbeiter und Mitarbeiterinnen in Ihr Projekt.

Achtung: Wer sich selbst als Held darstellt, der lässt den anderen nur den Platz in der zweiten Reihe. Einen solchen Helden möchten Ihre Mitarbeiter und Mitarbeiterinnen nicht haben – in dieser Veränderung geht es um sie. Lassen Sie ihnen also den Platz als Protagonisten und nehmen Sie selbst den Platz des Beraters ein, der im Kampf gegen den Antagonisten unterstützt. Das machen Sie mithilfe des Plans, auf den wir im nächsten Unterkapitel schauen.

Sich selbst zum Helden machen

In einem Supermarkt hier um die Ecke gibt es Werbeplakate in den Einkaufswagen. Immer wenn ich dort einkaufe und die Waren in den Wagen lege, schaue ich automatisch auf diese kleinen Werbetäfelchen an dessen Vorderseite.
Ein Unternehmen hier im Kreis nennt sich selbst »Die Werbehelden«: zwei Männer, die mit verschränkten Armen Rücken an Rücken stehen und den Betrachter zufrieden ansehen.

Wahrscheinlich haben Sie schon ein Bild vor Augen. Wie wirkt es auf Sie? Auf mich wirkt es jedes Mal aufs Neue abschreckend. Ich möchte keinen Helden unterstützen, der auf mich selbstgefällig wirkt. Sollte ich für mein Unternehmen Werbung schalten wollen und auf die Idee kommen, das auf Werbetafeln in Einkaufswagen zu tun, wären »Die Werbehelden« vermutlich meine letzte Anlaufstelle. Dabei ginge es so viel einfacher:

Andere zu Helden machen

Zwei Männer stehen nebeneinander, schauen in die Kamera und zeigen mit einer Hand auf mich. Die Pose erinnert an das bekannte Poster »Want You for US Army«. Darunter steht: »Wir machen Sie bekannt.«

Die Eigenschaften eines Beraters sind vielfältig. Er kann weise, clever oder besonders stark sein. Gandalf in »Der Herr der Ringe« ist ein Zauberer mit außergewöhnlichen Kräften und guten Verbindungen. Finden Sie etwas, was Ihr Projekt außergewöhnlich macht. Warum sollen die Mitarbeiter und Mitarbeiterinnen Ihnen als Berater vertrauen und Ihnen glauben, dass Sie eine passende Lösung für den Kampf gegen den Antagonisten haben und die nächsten Schritte kennen? Einfach nur die Lösung in Form der neuen Hard- oder Software zu präsentieren reicht an dieser Stelle nicht aus.

Der folgende Fragenkatalog kann Ihnen hier weiterhelfen.

Fragen zum Berater

Unternehmen

- Wie sieht das Unternehmen den Berater, ist er integriert oder doch eher ein Außenseiter?
- Ist er modern und unkonventionell?
- Warum setzt das Unternehmen gerade auf diesen Berater? Was ist an dem aktuellen Projektteam so spannend, dass es diese Rolle innehat?

Projekt

- Wie sieht sich das Projekt, also der Berater, selbst? Ist er sich dessen bewusst, wie er auf sein Umfeld wirkt, und will er daran etwas ändern oder es beibehalten?
- Welche »Superkräfte«, besonderen Eigenschaften oder besonderen Verbindungen hat das Projekt?
- Wodurch wird jedes Projektteammitglied besonders wertvoll?

Person

- Warum ist es für die einzelnen Projektmitglieder so spannend, in genau diesem Projektteam mitzuarbeiten?
- Was erwartet jedes Projektteammitglied von seinen Kolleginnen und Kollegen, welche besonderen Fähigkeiten sieht es bei anderen?
- Welche Eigenschaften schätzt es bei sich selbst und den anderen, welche könnten wiederum gefährlich werden?

Vergangenheit

- Wer oder was war der Berater, bevor er in die Rolle des Beraters geschlüpft ist?
- Wollte er oder sie von sich aus Berater werden, ist er von allein in die Rolle hineingerutscht oder wurde sie ihm sogar aufgezwungen?
- Möchte der Berater den alten Zustand wiederherstellen, also zu seinem alten Ich zurückkehren, wenn seine Mission erfüllt ist?

Gegenwart

- Ist der Berater seiner Rolle und seinen Aufgaben grundsätzlich gewachsen, auch wenn er nicht jeden einzelnen Schritt kennt?
- Welche Fähigkeiten und welches Wissen sieht er selbst als hilfreich an?
- Bedauert der Berater, dass er diese anstrengende Aufgabe hat, oder freut er sich sogar darüber?

Zukunft

- Was will der Berater machen, wenn das Projektziel erreicht ist, also das Abenteuer vorüber ist?
- Wird der Berater auch in Zukunft noch das Ansehen genießen, das er jetzt hat? Und in welchen Kreisen?
- Was muss der Berater tun, damit er in der Zukunft von seinem Umfeld weiterhin hoch angesehen wird? Woran kann er im Projekt so scheitern, dass das seinem Ansehen dauerhaft schadet?

4.3.5 Plan

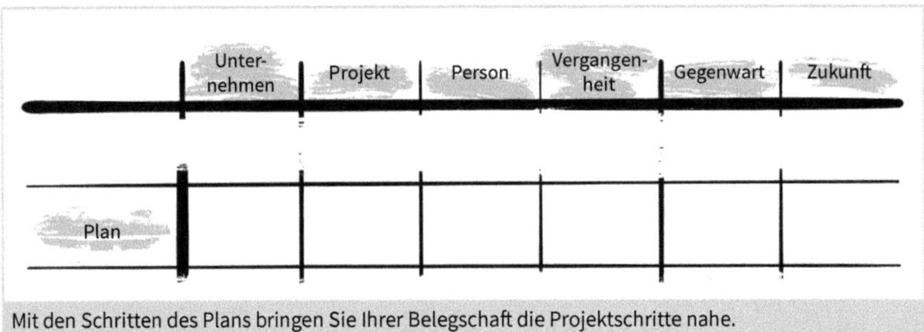

Mit den Schritten des Plans bringen Sie Ihrer Belegschaft die Projektschritte nahe.

Sie als Berater und Mentor stehen Ihrem Protagonisten natürlich nicht einfach nur zur Seite – Sie haben auch einen Plan und wissen Bescheid über die nächsten Schritte, die der Protagonist gehen muss. Hier kommt auch endlich das Ziel Ihres Projekts ins Spiel.

Die neue Hard- oder Software ist, nachdem Sie alle anderen Schritte aufeinander aufbauend durchgearbeitet haben, der einzig logische Schritt, mit dem sich der Antagonist bekämpfen lässt.

Einführung eines neuen CRM-Systems

Unsere Mitbewerber (Antagonist) sind häufig schneller als wir. Sie haben genauere Informationen darüber, was ein Kunde in der Vergangenheit brauchte, und können besser extrapolieren, was das für die Zukunft bedeutet. Damit gehen unsere Verkaufszahlen stetig zurück (Problem). Mit dem neuen CRM-System (Plan) können wir Informationen über unsere Kunden und Interessenten automatisiert viel detaillierter aufnehmen. Aus den Erfahrungen entwickelt das System eine Logik, mit der wir mit einer hohen Wahrscheinlichkeit vorhersagen können, was unsere Kunden in Zukunft brauchen werden. Damit können Sie (Protagonist) es ihnen anbieten, bevor es jemand anders tut.
Das Dashboard des Systems haben wir (Berater) möglichst übersichtlich gestaltet. Damit haben Sie (Protagonist) einen schnellen Überblick über alle anfallenden Aufgaben, anstehenden Termine und neuen Informationen.

Gerade in agilen Entwicklungsprojekten ist es häufig ein Problem, dass zu Beginn noch gar nicht klar ist, wie die letztendliche Lösung genau aussehen wird. Machen Sie sich darum keine Sorgen. Um als vertrauenswürdiger Berater zu gelten, müssen Sie nicht jeden Schritt des Plans bis ins Detail kennen. Wichtig sind an dieser Stelle zwei Dinge: Sie haben ein großes Ziel im Blick und kennen den nächsten Schritt. Denn ein guter Plan bringt Klarheit.

Für die Frage nach dem großen Ziel können Sie noch einmal auf Ihre Antworten zum *Warum*, *Wie* und *Was* zugreifen (vgl. Kap. 4.2.1). Die Frage nach dem nächsten Schritt müssen Sie sich jedes Mal wieder neu stellen, wenn Sie eine Kommunikation mit Ihrer Change Story starten möchten.

Dieser nächste Schritt ist in den meisten Fällen genau das, was Sie kommunizieren wollen: Sie erzählen nicht immer wieder die ganze große Geschichte, sondern weisen meist nur noch auf den nächsten Schritt hin. Das kann von einem Termin für ein anstehendes Training bis zur Bitte um Feedback am Ende des Projekts alles sein.

Stellen Sie sich den Kommunikationsprozess vor wie eine große Karawane mit hunderten berittenen Kamelen und vielen Menschen, die zu Fuß durch die Wüste ziehen. Alle Beteiligten haben dabei nur eine Aufgabe: Sie transportieren eine Truhe mit einem Edelstein, den sie beschützen und sicher an sein Ziel bringen müssen.

Dieser Edelstein ist der Fakt, den Sie mit einer bestimmten Kommunikation übermitteln möchten. Alle Storyelemente, das ganze Design und der Aufbau der Kommunikation ist die Karawane, die den Fakt transportieren soll.

Gehen Sie deshalb auch sparsam mit den Informationen um. Die Karawane kann sich nicht um mehrere Edelsteine gleichzeitig kümmern – sie transportiert immer nur einen. Packen Sie also nicht zu viele Fakten in Ihre Kommunikation – eine handfeste Information reicht aus. Mehr würde Ihre Mitarbeiter und Mitarbeiterinnen schnell überfordern.

Fragen zum Plan

Unternehmen

- Wie steht das Unternehmen zum Plan des Beraters, ist es damit einverstanden oder ist es ein Plan, der gegen gängige Denkmuster verstößt?
- Wie gründlich plant das Unternehmen grundsätzlich?
- Wie gern oder ungern nimmt das Unternehmen generell Pläne von außen an?

Projekt

- Handelt das Projektteam unkonventionell mit diesem Plan?
- Welche Elemente im Plan sieht das Projektteam anders als bisher und wie sollen diese zum Erreichen des Projektziels führen?
- Ist der Plan besonders clever, weise oder innovativ?

Person

- Wie stehen einzelne Personen, also Unternehmenslenker, Projektmitglieder oder andere Nutzer, dem Plan gegenüber?
- Können Sie dem Plan gedanklich folgen oder verlassen Sie sich blindlings darauf?
- Vertrauen Sie dem Plan als beste Option überhaupt oder ist dieser einfach besser als gar nichts?

Vergangenheit

- Warum gab es den Plan so bisher noch nicht?
- Gibt es neue Technologien, Materialien oder andere Möglichkeiten, die dazu führten, dass der Plan erst jetzt entwickelt wurde?
- Wenn es einen ähnlichen Plan schon einmal gab, woran ist er gescheitert oder was ist gut gelungen?

Gegenwart

- Gibt es einen konkreten Plan für alle Schritte des Projekts oder wird der Plan laufend agil weiterentwickelt?
- Wie weit kann dann in die Zukunft geplant werden?
- Welche Punkte eines ursprünglichen Plans mussten bisher schon verworfen werden und welche Auswirkungen hat es auf die nächsten Schritte?

Zukunft

- Welche Geschehnisse könnten diesen Plan aushebeln, sodass er wieder neu entwickelt werden müsste?
- Werden zum Projektende alle Beteiligten auf den Plan als guten Leitfaden durch die Herausforderung zurückblicken?
- Wenn der erste Plan durch den Berater ins Spiel kam, wer hat in der Zukunft nun noch die Kompetenzen, den Plan weiterzuentwickeln?

4.3.6 Schlüsselmoment

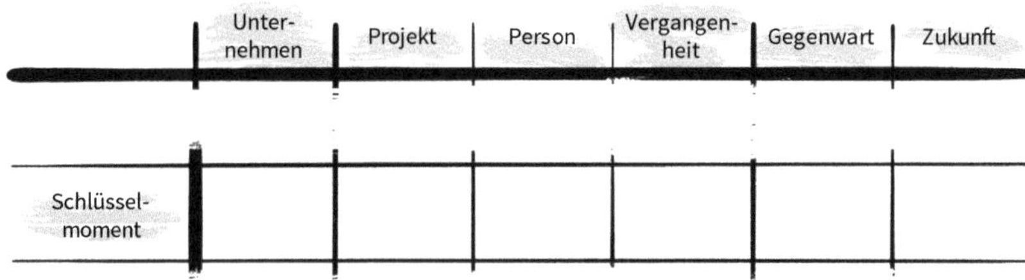

Der Schlüsselmoment sollte zwar klein, aber für alle Beteiligten verständlich sein.

Ziel unserer Change Story ist es, dass die Empfänger einen Schlüsselmoment erleben, der sie zum Umdenken bewegt und damit eine Transformation einleitet. Deshalb muss auch die Change Story selbst einen solchen Schlüsselmoment enthalten.

Dieser Schlüsselmoment muss nicht großartig sein. Meistens sind es nur kleine Anstöße, die die entscheidende Wende einleiten. An diesem Punkt begreift der Protagonist, dass er die Transformation tatsächlich durchlaufen muss, er findet sich nicht nur mit seinem Schicksal ab, sondern nimmt die Dinge an, die ihm begegnen werden. Manchmal ist dieser Moment so unscheinbar, dass er für andere Beteiligte kaum oder auch gar nicht erkennbar ist.

Um das zu verdeutlichen, erzähle ich Ihnen eine kurze Geschichte, die mir vor einiger Zeit passiert ist und zu der ich folgenden LinkedIn-Post geschrieben habe:

Schlüsselmoment

Freitagfrüh, 6:35 Uhr
Geschafft.
Ich springe mal gedanklich zurück in den letzten Herbst. Im Oktober hatte ich ein Onlinemeeting mit meinem Mitarbeiter Ali. Wir suchen nach einem freien Termin für die folgende Woche. Ich teile meinen Bildschirm mit meinem Kalender und denke noch: »Mensch, ist das voll. Das ist aber gar nicht gut …«
Alis einziger Kommentar: »Sag mal, wann machst du denn deinen Sport?«
Autsch! Natürlich weiß ich, dass Sport wichtig ist und es mir nicht guttut, wenn ich den ganzen Tag nur vor dem Rechner hocke. Und trotzdem ist es mir passiert. Aber diese einfache Frage von meinem (echt fitten) Mitarbeiter in einer Tonlage, die zeigt, dass Sport zu selbstverständlich ist, als dass man ihn vergisst, die hat gesessen. Nee, so geht das nicht weiter …
Und das tut es auch nicht. Mittlerweile gibt es täglich eine Sporteinheit von 20–30 Minuten. Und zwar direkt morgens früh. Noch bevor ich richtig wach bin, bin ich damit schon fertig.
Danke, Ali!

Meine Community konnte das gut nachvollziehen. Viele hatten solche von außen betrachtet unscheinbaren Momenten selbst erlebt, die bei ihnen persönlich Großes bewirkt haben.

Auf diesen Schlüsselmoment folgt die schrittweise Transformation. Machen wir uns nichts vor: Auch mit dem Schlüsselmoment ist die Schlacht noch nicht gewonnen. Der Weg, den der Protagonist jetzt gehen muss, ist noch lang und steinig.

Es wäre unglaubwürdig, wenn es ab einem gewissen Punkt »einfach nur so flutscht«. So funktioniert das Leben nicht, und auch unsere Mitarbeiter und Mitarbeiterinnen nehmen es uns nicht ab, wenn wir so etwas kommunizieren. Auch wenn sie einen Schlüsselmoment erleben und sich damit anfreunden, in Zukunft mit anderer Software oder nach anderen Prozessen zu arbeiten, werden sie zwischendurch immer wieder mit inneren Problemen kämpfen müssen. Und so muss es folglich auch dem Protagonisten ergehen, damit sich die Nutzer in der Story wiederfinden.

Fragen zum Schlüsselmoment

Unternehmen

- Wie reagiert das Unternehmen oder das Umfeld des Protagonisten darauf, wenn dieser den Schlüsselmoment erlebt?
- Nimmt es diesen Zeitpunkt überhaupt wahr?
- Wie wichtig ist der Schlüsselmoment aus der Sicht des ganzen Unternehmens?

Projekt

- Woran erkennt das Projekt, also der Berater des Protagonisten, dass es den Schlüsselmoment gegeben hat?
- Wie reagiert es darauf, reagiert es überhaupt?
- Was ändert sich für den Berater mit diesem Zeitpunkt?

Person

- Wie empfinden einzelne Personen aus dem Umfeld den Schlüsselmoment?
- Wie reagieren sie darauf, dass es sich bei einem vermeintlich beiläufigen Ereignis um den Schlüsselmoment gehandelt hat?
- Wie gehen sie von da an mit dem Protagonisten um?

Vergangenheit

- War schon aus der Vergangenheit zu sehen, dass der Schlüsselmoment zu einem bestimmten Zeitpunkt eintreten würde?
- Kündigte er sich langsam an oder kam er ganz plötzlich?
- In welchem Gefühlszustand befand sich der Protagonist, bevor er den Schlüsselmoment erlebte?

Gegenwart
- Was ist an diesem Moment so besonders?
- Was ist nicht besonders?
- Wovon weiß der Protagonist sofort, dass es sich mit diesem Moment ändern wird?

Zukunft
- Wie sehen der Protagonist und andere Beteiligte den Schlüsselmoment, wenn sie aus der Zukunft in die Vergangenheit blicken – ist der Moment dann immer noch besonders oder wird er eher amüsiert betrachtet?
- Wird dieser Moment auch später noch ein Schlüsselmoment sein, oder ist er das nur in der Gegenwart?
- Werden die Beteiligten später von diesem Schlüsselmoment erzählen wollen?

4.3.7 Transformation

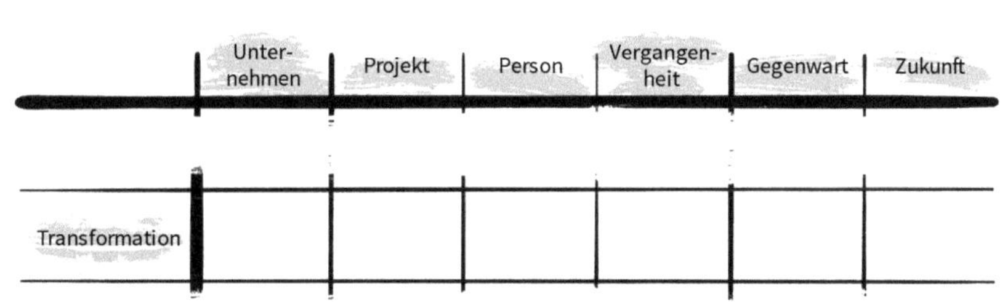

Die Transformation ist realistisch, aber nur sichtbar, wenn man die vielen kleinen Wachstumsschritte ausblendet.

Die Transformation wird erst sichtbar, wenn man die gesamte Story oder wenigstens einzelne Abschnitte mit etwas mehr Abstand betrachtet. Erst im Nachhinein wird dem Empfänger klar, dass es gar nicht anders hätte laufen können.

Als Frodo und die anderen Hobbits ins Auenland zurückkommen – auf Pferden, in edler Kleidung und mit stolzgeschwellter Brust –, wird den Zuschauern klar, welche Transformation jeder Einzelne durchlaufen hat. Sie haben nichts mehr gemein mit den ängstlichen, vorsichtigen oder herumalbernden Hobbits, die lange zuvor Hals über Kopf das Auenland verlassen haben.

In jedem Abschnitt braucht Ihr Held einen kleinen Wachstumsschritt. Für sich genommen sind diese nicht so spektakulär. Mit jeder kleinen Herausforderung wächst er ein klein wenig weiter, mit jedem Rückschritt sieht er die Notwendigkeit für sein Handeln klarer.

Ihre Nutzer werden zum Ende der Change Story hin vielleicht auch überrascht sein, welche Veränderung bei Ihrem Helden stattgefunden hat und diese Erkenntnisse auf sich übertragen können. Sie selbst als Entwickler der Story sollten das Ergebnis der Transformation jedoch schon vorbereitet haben. Das Ende darf für alle einen Aha-Effekt bereithalten – nur für Sie nicht.

Für die Entwicklung der Transformation in Ihrer Change Story gehen Sie logisch vor. Sie kennen den Ausgangspunkt Ihres Helden und damit auch Ihrer Nutzer. Über das Projekt selbst gibt es einen Zielzustand, in dem die Nutzer sich befinden sollen, wenn das Projekt erfolgreich abgeschlossen ist. Diesen Zustand können Sie auf den Helden Ihrer Change Story adaptieren. Aus diesen beiden Punkten entwickeln Sie Zwischenschritte, kleine Ziele, die auf dem Weg erreicht werden.

Fragen zur Transformation

Unternehmen

- Sieht das Unternehmen die Transformation als Chance oder notwendiges Übel?
- Welche Punkte sollen mit der Transformation verändert werden, welche müssen unbedingt erhalten bleiben?
- Wie ist die Transformation des Unternehmens von außen sichtbar?

Projekt

- Sieht sich das Projekt selbst als Treiber der Transformation oder eher als ausführendes Organ?
- Begrüßt das Projektteam die Transformation?
- Versteht sich das Projektteam als selbst betroffen oder außenstehend?

Person

- Welchen Einfluss haben einzelne Personen auf die Transformation, real oder gefühlt?
- Arbeiten die Personen auf die Transformation hin, sehen sie sich als sinnvoll an?
- Sind sie bereit, sich selbst zu verändern, oder ist die Transformation für sie noch etwas Abstraktes, das »im Unternehmen« passiert?

Vergangenheit

- Welche Veränderungen waren in der Vergangenheit schon notwendig?
- Welche Transformationen wurden in der Vergangenheit schon erfolgreich gemeistert?
- Wie haben sich diese auf den weiteren Verlauf ausgewirkt?

Gegenwart

- Worin besteht die Transformation überhaupt?
- Was macht die aktuelle Transformation so viel herausfordernder als frühere?
- Welche Sorgen, Nöte oder Ängste werden durch die Transformation ausgelöst?

Zukunft

- Wie bereitet die aktuelle Transformation alle Beteiligten auf die Zukunft vor?
- Wird diese Transformation auch in Zukunft eine der größten gewesen sein, die es zu bewältigen galt?
- Welche Transformationen werden in der Zukunft noch erwartet?

4.3.8 Niederlage

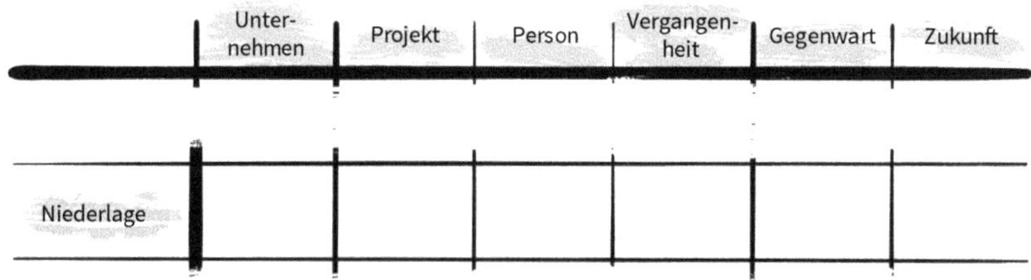

Die Niederlage droht häufig, besonders an den unteren Wendepunkten.

Die Niederlage droht ständig – während der ganzen Geschichte. Selten ist der Protagonist in Sicherheit, und wenn er es doch einmal ist, schlägt er sich mit seinem inneren Problem herum. Auch das droht ihn immer wieder umzuwerfen.

Ich sprach ganz am Anfang schon mal von den Wendepunkten und davon, dass eine Geschichte immer dann als dynamisch und spannend empfunden wird, wenn um diese Wendepunkte herum detailliert erzählt wird. Die immer drohende Niederlage befindet sich an den unteren Wendepunkten der Kurve. Erst mit dem Spiel zwischen einem möglichen Sieg und der drohenden Niederlage wird die Geschichte richtig spannend.

Wendepunkte einer Geschichte

Denken Sie noch einmal zurück an den Herrn der Ringe: Frodo flieht aus dem Auenland und wird von schwarzen Reitern verfolgt (unterer Wendepunkt). Er rettet sich in das Dorf Bree und trifft dort Aragorn, der ihn in der Nacht rettet (oberer Wendepunkt). Schon in der darauffolgenden Nacht wird Frodo von einem Schattenkönig verletzt, die Lage scheint hoffnungslos (unterer Wendepunkt). Arwen findet die Gruppe und schafft es, den verletzten Frodo nach Bruchtal zu bringen, wo er gerettet werden kann (oberer Wendepunkt).

Sie sehen, dass ohne eine drohende Niederlage ein möglicher Sieg nur halb so interessant ist.

Die drohende Niederlage in Ihrer Change Story sollte also immer wenigstens am Horizont sichtbar sein. Es ist unglaubwürdig, wenn Ihr Protagonist nur bei Sonnenschein unterwegs ist. Viel schlimmer noch ist, dass Ihre Mitarbeiter und Mitarbeiterinnen sich damit dann nicht identifizieren können. Jeder von uns kennt den ein oder anderen schlechten Tag, an dem alles den Bach runterzugehen und ein Projekt zu scheitern scheint.

Wichtig ist an dieser Stelle noch, dass die drohende Niederlage immer von außen kommt. Eine Begegnung mit dem Antagonisten, ein Unfall, Sabotage, eine Umweltkatastrophe – es eignen sich viele Situationen dazu, eine drohende Niederlage herbeizuführen. Weiter oben bin ich auf die stetige Transformation des Helden eingegangen: Er wächst Schritt für Schritt mit jeder neuen Herausforderung. Mit einem unteren Wendepunkt zweifelt der Held zwar immer wieder, doch führt er die unteren Wendepunkte nicht selbst herbei.

Fragen zur Niederlage

Unternehmen

- Was müsste passieren, damit das Unternehmen eine Niederlage erleidet?
- Welches Ausmaß hätte diese Niederlage – wäre sie ein Rückschlag oder das Ende des Unternehmens?
- Wie würde das Unternehmen mit einer Niederlage umgehen?

Projekt

- Wann ist das Projekt, also der Berater des Protagonisten, nicht erfolgreich?
- Was bedeutet eine Niederlage des Protagonisten für ihn?
- Wie würde er mit einer Niederlage umgehen – wäre er weiterhin ein Berater und Mentor?

Person

- Was sehen einzelne Personen als Niederlage?
- Wie würden sie mit einer Niederlage umgehen, was würde eine Niederlage sie kosten?
- Welche Unterschiede gibt es dabei zwischen den Personen, ist beispielsweise die Niederlage für alle klar definiert?

Vergangenheit

- Konnte jemand die Niederlage kommen sehen?
- War die Niederlage absehbar? Und wodurch?
- Wie dachten Protagonist und andere Beteiligte über die Niederlage, bevor sie wahrscheinlicher wurde?

Gegenwart

- Was bedeutet die Niederlage im aktuellen Moment?
- Worauf müssen sich Protagonist und andere Beteiligte nun konzentrieren, müssen sie ihr Leben retten?
- Welche Rettung in letzter Minute kann noch möglich sein?

Zukunft

- Wie agiert der Protagonist, wenn er eine drohende Niederlage überwunden hat?
- Was lernen der Protagonist und andere Beteiligte aus der Beinaheniederlage?
- Hat diese drohende Niederlage neue Kräfte freigesetzt?

4.3.9 Sieg

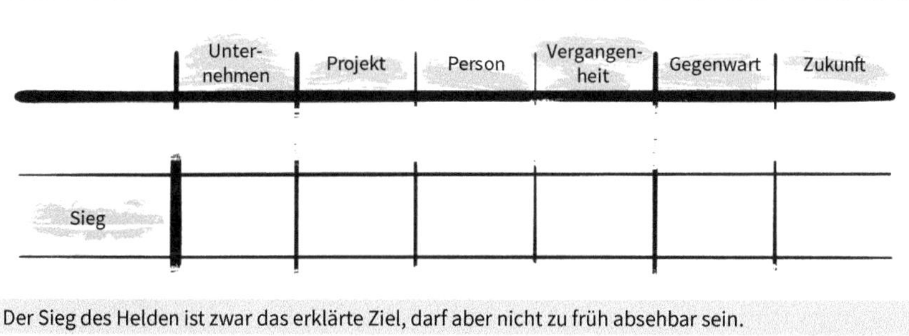

Der Sieg des Helden ist zwar das erklärte Ziel, darf aber nicht zu früh absehbar sein.

Natürlich wünschen wir uns für unseren Protagonisten, dass am Ende der Geschichte ein Sieg steht. Der Todesstern ist zerstört, der Ring in die Feuer des Schicksalsberges geworfen und Voldemort zu Asche zerfallen – der Held triumphiert.

Ich glaube, es ist allen klar, dass wir unserem Protagonisten ein siegreiches Ende gönnen müssen. Wenn sich die Adressaten der Story mit ihr und dem Protagonisten identifizieren, wäre eine Niederlage am Schluss natürlich kein Motivator.

Doch wie bei der Niederlage gilt es auch beim Sieg, ihn nicht zu früh zuzulassen, sondern immer wieder zwischen ihm und einer drohenden Niederlage hin und her zu schwenken. Lesen Sie dazu gern noch einmal das Beispiel aus dem vorherigen Abschnitt zur Niederlage.

Mit dem Sieg fällt alle Anspannung vom Protagonisten ab. Die Welt ist noch nicht wieder in Ordnung, aber es sieht so aus, als könnte alles wieder ins Lot kommen. Erst jetzt wird seine Transformation wirklich sichtbar – erst für andere Beteiligte und später auch für ihn selbst. Ohne laute Fanfaren kehrt er zurück in die Umgebung seines alten

Lebens. Doch nun ist ihm klar, dass nicht nur seine Umgebung, sondern auch er selbst sich grundlegend verändert hat.

Auch bei den Empfängern unserer Story wird an dieser Stelle die Anspannung abfallen. Viele möchten nun nicht mehr als große Helden gefeiert werden und allein sichtbar auf einem Podest stehen. Lorbeeren nehmen sie jetzt gern zusammen mit ihren Begleitern und Beratern an.

Fragen zum Sieg

Unternehmen

- Was bedeutet der Sieg für das Unternehmen?
- Was lernt das Unternehmen aus dem vorangegangenen Kampf, wie verändert es sich?
- Wie bereitet sich das Unternehmen auf spätere Krisen vor?

Projekt

- Wie sichtbar ist das Projekt nach dem Sieg des Protagonisten?
- An welchen Stellen hält sich das Projekt, also der Berater, zurück, um nicht nachträglich in den Mittelpunkt zu rutschen und als Held gesehen zu werden?
- Was passiert mit dem Beraternetzwerk, also den Projektmitgliedern, nach dem Sieg?

Person

- Wie reagieren einzelne Personen, zum Beispiel Unternehmenslenker oder Schlüsselpersonen, auf den Sieg?
- Wie nehmen Personen von der Gegenseite den Sieg war?
- Wie reagieren Sie auf den Sieg, ist er etwas Besonderes?

Vergangenheit

- Was hat der Protagonist rückblickend geopfert für diesen Sieg?
- An welcher Stelle hat er das gern getan, an welcher Stelle ist es ihm schwergefallen?
- Gab es in der Vergangenheit Momente, in denen an einen Sieg nicht mehr zu glauben war, und wann war der Moment, als der Sieg sicher war?

Gegenwart

- Wie fühlt sich der Protagonist und wie reagiert er, wenn er begreift, dass er gesiegt hat?
- Was bedeutet der Sieg für diesen Moment?
- Was muss der Protagonist tun, um sich wieder auf den Heimweg machen zu können?

Zukunft

- Wie wird der Protagonist den Sieg sehen, wenn eine Weile vergangen ist und er sich wieder in seinem gewohnten Umfeld befindet?
- Wie bereitet dieser Sieg alle Beteiligten auf spätere Herausforderungen vor?
- Ergeben sich aus dem Sieg neue Aufgaben oder können sich die Beteiligten nun ausruhen?

5 Wie Sie Ihre Change Story erstellen und nutzen

Das Erste, was Sie an dieser Stelle tun sollten, ist, den Moment zu genießen. Sie und Ihr Team haben in den letzten Abschnitten wirklich alles erarbeitet, was Sie für Ihre Change Story brauchen.

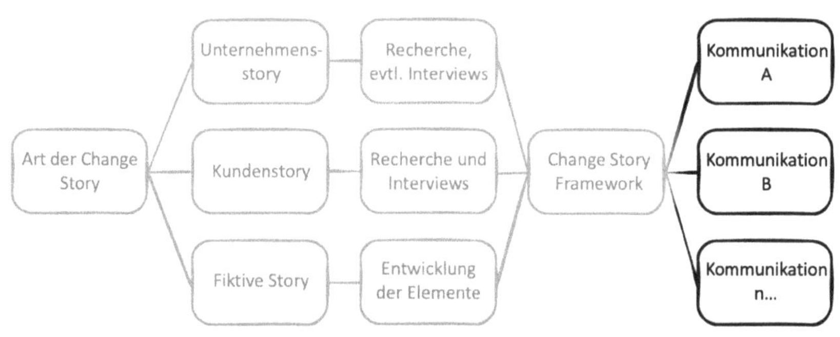

Sobald Sie die Storyelemente mit dem Change-Story-Framework entwickelt haben, können Sie damit starten, einzelne Kommunikationen zu erstellen.

Vermutlich haben Sie jetzt eine Menge Papier mit gekritzelten Notizen oder Skizzen, E-Mails, digitale Notizen und andere Formate. Sie wissen, welche Art von Story Sie verwenden wollen und welche Werte sich daran wiederfinden sollen. Sie kennen die Akteure, wissen, welchen Schlüsselmoment Ihr Held erlebt und zu welcher Transformation das führt, damit er schließlich der drohenden Niederlage entkommen und auf den Sieg zusteuern kann. Ich empfehle Ihnen, alles so zu sortieren, wie es schon im Change-Story-Framework sortiert ist. Meinen Kunden empfehle ich an dieser Stelle, Ordner auf einem gemeinsamen Laufwerk anzulegen, die nach den Spalten des Frameworks benannt sind und in denen Unterordner mit dem Namen der Zeilen des Frameworks liegen. So hat die Antwort auf jede Frage, die Sie bis hierhin erarbeitet haben, einen eindeutigen Platz.

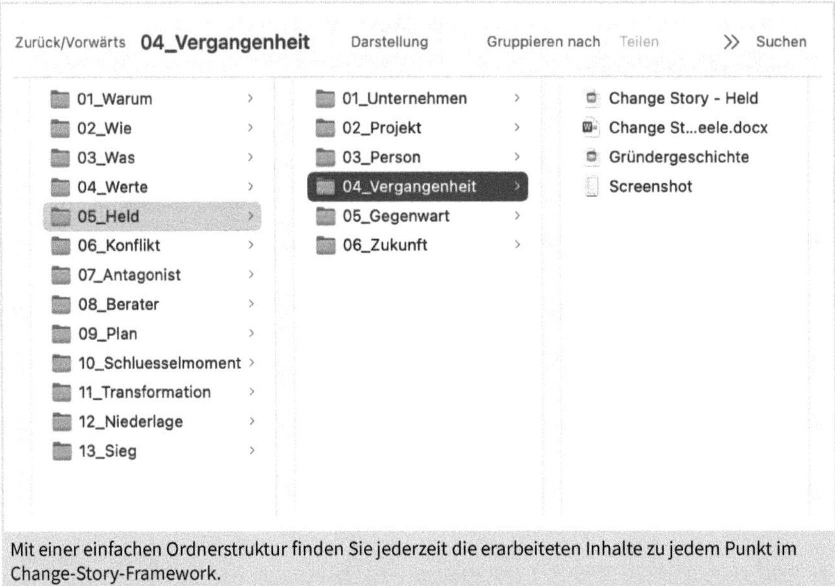

Mit einer einfachen Ordnerstruktur finden Sie jederzeit die erarbeiteten Inhalte zu jedem Punkt im Change-Story-Framework.

Versuchen Sie im nächsten Schritt, sich im Team gegenseitig die Change Story zu erzählen. Anfangs darf die Geschichte ruhig noch stichwortartig sein, werden Sie von Durchlauf zu Durchlauf detaillierter. Diskutieren Sie sofort über offene Fragen und verschiedene Ansichten. So schaffen Sie ein gemeinsames Verständnis im Team. Es ist wichtig, dass jedes Teammitglied später die gleiche Story verinnerlicht hat.

Während dieses Prozesses werden Sie noch über kleine Lücken stolpern und Ideen entwickeln, mit denen Sie die Story anreichern können. Nehmen Sie alles gleich auf und legen Sie es am passenden Ort ab.

Sobald Sie das gemeinsame Verständnis gesichert haben, empfehle ich, die gesamte Change Story einmal aufzuschreiben. Das hat gleich mehrere Vorteile. Jedes Teammitglied kann später noch einmal einzelne Passagen nachlesen, wenn es ihm nötig erscheint. Neue Teammitglieder müssen Sie nicht über einen längeren Zeitraum an die Change Story heranführen – sie können die Geschichte komplett lesen und haben sofort ein erstes Verständnis. Gleichen Sie auch mit neuen Teammitgliedern das gemeinsame Verständnis ab. Außerdem haben Sie mit der einmal aufgeschriebenen und im Team abgestimmten Change Story immer ein »Formulierungshäppchen«, über das Sie nicht lange nachdenken müssen und das Sie sofort in eine eilige Kommunikation integrieren können.

Geben Sie sich für diese Aufgabe ausreichend Zeit. Sie ist mindestens genauso wichtig wie die Beantwortung aller Fragen und die Ausarbeitung aller Felder des Change-Story-Frameworks.

An dieser Stelle empfehle ich Ihnen noch zwei Dokumente: Das ist zum einen ein Glossar, in dem Sie Übersetzungen für alle Fachausdrücke festhalten, damit Ihre Change Story und damit Ihre Kommunikation immer verständlich ist. Denken Sie dabei über alle Abkürzungen, denglischen Wörter, modernen Begriffe oder abteilungsinternen Ausdrücke nach. Holen Sie sich auch gern Feedback von außen bei Kollegen und Kolleginnen aus anderen Fachbereichen.

Das andere Dokument sollte eine Sammlung von gut funktionierenden Formulierungen sein. Das können Betreffzeilen für E-Mails sein, Überschriften für Poster, Headlines für Intranetartikel und vieles mehr. Auch wenn Sie im Laufe des Projekts Formulierungen entdecken, mit denen Sie korrekt im Sinne der Unternehmenspolitik kommunizieren können, sollten diese hier Platz finden. Das hilft allen Projektmitgliedern und damit dem gesamten Projekt dabei, mit »einer Stimme« nach außen zu kommunizieren.

Die Ordner und Unterordner, die Sie entsprechend den Feldern des Change-Story-Frameworks angelegt und befüllt haben, können Sie nun wie einen Setzkasten nutzen. Alle Informationen liegen bereit, Sie müssen sie nur noch herausnehmen und verwenden.

Es ist nicht nötig, den Nutzern mit jeder Kommunikation die gesamte Change Story wieder und wieder zu liefern. Ein interessanter Protagonist oder ein dringendes Problem ziehen schon ausreichend Aufmerksamkeit auf sich, damit sich Ihre Mitarbeiter und Mitarbeiterinnen mit der Veränderung und damit auch mit der Change Story befassen – sofern sie sie finden.

Überlegen Sie sich an dieser Stelle, ob Sie die gesamte Change Story im Intranet veröffentlichen möchten. Möglicherweise möchten Sie auch das Ende offenlassen, um die Nutzer mit dem Protagonisten mitfiebern zu lassen. Das bleibt Ihnen überlassen. Wichtig wäre an dieser Stelle lediglich, dass die Information schon so aufbereitet ist, dass Ihre Leser interessiert sind. Das kann ein tolles Design sein oder ein Format, mit dem die Nutzer nicht rechnen.

Meist müssen Sie die Empfänger Ihrer Geschichte dann noch nicht einmal gesondert darauf aufmerksam machen, dass sie im Intranet die Change Story finden und sich mit ihr befassen sollen. Sobald sie die ersten Story-Häppchen entdecken, werden sie in der Regel neugierig und die Change Story verbreitet sich von selbst.

Es ist selbstverständlich, dass Sie nach so viel Arbeit an der Story diese auch verbreiten wollen. Doch bitte treten Sie selbst ein wenig auf die Bremse. Denn hier gilt der gleiche Grundsatz wie in der Change Story selbst: Sie als Projektteam sind der Berater, und der zwingt dem Protagonisten seine Lösung nicht auf.

Gute Story-Häppchen sind so klein wie möglich. Haben Sie schon einmal vom Prinzip der Sechs-Wörter-Geschichten gehört? Das sind ganze Geschichten, die sich mit nur sechs Wörtern erzählen lassen, indem sie die Fantasie des Zuhörers befeuern. Die wohl bekannteste Geschichte aus dieser Kategorie ist:

For sale: Baby shoes, never worn.

Der Erzähler muss uns an dieser Stelle gar nicht erklären, was passiert ist. Die Tragik der Geschichte wird sogar verstärkt, weil die meisten Informationen fehlen.

Es geht noch kürzer und von diesem Beispiel haben Sie sicher schon gehört, wenn Sie sich für Präsentationstechniken interessieren. Es stammt von Steve Jobs während der Vorstellung des ersten iPods. Da sagt er:

1.000 songs in my pocket.

Sie müssen nun natürlich keine Sechs-Wörter-Geschichten entwickeln, um mit Ihrer Change Story Ihre Mitarbeiter und Mitarbeiterinnen zu einer Veränderung zu motivieren. Versuchen wir es anfangs doch mit Drei-Element-Storys.

Das Change-Story-Framework ist so aufgebaut, dass Sie schon mit wenigen Elementen ganze Geschichten erzählen können. Genau für diesen Schritt brauchen Sie den eben beschriebenen Setzkasten. Wie Sie vorgehen, zeige ich Ihnen anhand eines Beispiels.

Ankündigung eines Roll-out-Termins

Thomas hat es eilig. Sein Taxi wartet vor dem Büro und er ist jetzt schon fast zu spät dran, um seinen Flug noch zu erreichen. Er weiß, dass sein Kollege nur auf eine Gelegenheit wartet, ihn bei ihrem gemeinsamen Vorgesetzten anzuschwärzen. Wenn er seinen Flug verpasst, spielt er seinem Kollegen damit direkt in die Karten – und das möchte er auf keinen Fall. Dieses alte Mail- und Kalendersystem hat ihn einfach nicht erinnert. Er versteht selbst nicht, warum manchmal Terminankündigungen nicht sichtbar werden. Es ist ihm schon ein paarmal passiert, dass er einen Termin verpasst hat. Dann glaubt er selbst fast daran, die Beförderung nicht verdient zu haben. Ein Mailsystem, das er sogar auf seinem Smartphone nutzen kann – das wäre wunderbar …

Liebe Kolleginnen und Kollegen,
das neue Mailsystem ist schon auf dem Weg zu Ihnen. Damit es Ihnen nicht geht wie Thomas Targetti, können Sie schon in der nächsten Woche damit arbeiten. Ihr Roll-out-Termin ist der 1. Januar …

Im Großen und Ganzen sprechen wir hier nur vom Protagonisten, seinem inneren Problem und einem Plan. Diese kurzen Story-Häppchen am Anfang einer Kommunikation öffnen den Lesern die Tür, sich auf die Veränderung vorzubereiten. Mehr noch, sie haben die Möglichkeit und die offizielle Erlaubnis, sich sogar darauf zu freuen.

Hinweis

DIGITALE EXTRAS

Beispiele für eine fertige Change Story finden Sie auf der Website zum Buch unter: www.change-storys.de/beispiele

6 23 Ideen, wie Sie Ihre Change Story einsetzen können

6.1 E-Mails

E-Mail-Kommunikation ist wahrscheinlich die gängigste in Change-Prozessen. Sie ist schnell zu erstellen und ebenso schnell verschickt. Gerade deshalb ist es wichtig, sich mit den E-Mails Mühe zu geben, damit sie vom Empfänger auch als wertvoll empfunden werden.

Ihre Change Story kann sich natürlich im Text widerspiegeln, aber auch schon im Aufbau und im Aussehen der E-Mail können Sie darauf Bezug nehmen. Selbst in Mailprogrammen wie Outlook können Sie E-Mails ansprechend aufbereitet versenden. Nutzen Sie dafür einfach Tabellen, die Sie zentrieren und deren Linien Sie direkt vor dem Versand ausblenden. Sollte Ihr E-Mail-Programm keine Tabellen vorsehen, können Sie sie in einem Textverarbeitungsprogramm wie beispielsweise Word vorbereiten und einkopieren.

Ich selbst arbeite gern mit einer zentrierten, mehrspaltigen Tabelle mit mehreren Zeilen. In die oberste Zeile kommt ein Headerbild, das zum Inhalt der Mail und damit auch zur Change Story passt. Die Zeilen darunter bieten den Platz für den E-Mail-Text, weitere Bilder oder klickbare Buttons.

Da die einzelnen Zellen der Tabelle miteinander verbunden und in der Breite angepasst werden können, lässt sich so mit wenig Aufwand eine ansprechend strukturierte E-Mail erstellen.

Auch wenn Ihre E-Mail eine gute Betreffzeile hat: Geben Sie Ihrem Text noch einmal eine Überschrift und starten Sie nicht gleich mit der Begrüßung. Manchmal sind Sie in der Betreffzeile gezwungen, ein wenig formeller zu formulieren, damit die E-Mail nicht als Spam abgetan wird und untergeht. Die Überschrift, ein wenig größer und fett formatiert, bietet die gleichen Möglichkeiten wie eine Überschrift bei einem Zeitungsartikel. Sie fast nicht nur das Thema zusammen, sondern macht auch Lust, die Mail zu lesen. Wenn Ihnen dazu überhaupt nichts einfallen sollte, bedienen Sie sich gern auf der Website zu diesem Buch. Dort finden Sie Vorschläge für E-Mail-Überschriften.

Inspirationen

Inspirationen zur E-Mail-Gestaltung und zu vielen anderen Themen finden Sie auf der Website zum Buch: www.change-storys.de

DIGITALE EXTRAS

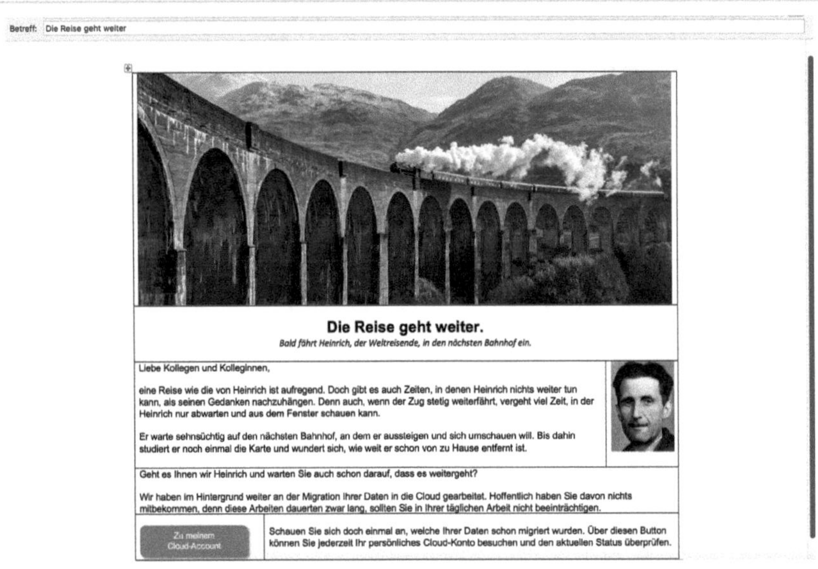

Betreff: Die Reise geht weiter

Die Reise geht weiter.

Bald fährt Heinrich, der Weltreisende, in den nächsten Bahnhof ein.

Liebe Kollegen und Kolleginnen,

eine Reise wie die von Heinrich ist aufregend. Doch gibt es auch Zeiten, in denen Heinrich nichts weiter tun kann, als seinen Gedanken nachzuhängen. Denn auch, wenn der Zug stetig weiterfährt, vergeht viel Zeit, in der Heinrich nur abwarten und aus dem Fenster schauen kann.

Er warte sehnsüchtig auf den nächsten Bahnhof, an dem er aussteigen und sich umschauen will. Bis dahin studiert er noch einmal die Karte und wundert sich, wie weit er schon von zu Hause entfernt ist.

Geht es Ihnen wir Heinrich und warten Sie auch schon darauf, dass es weitergeht?

Wir haben im Hintergrund weiter an der Migration Ihrer Daten in die Cloud gearbeitet. Hoffentlich haben Sie davon nichts mitbekommen, denn diese Arbeiten dauerten zwar lang, sollten Sie in Ihrer täglichen Arbeit nicht beeinträchtigen.

Zu meinem Cloud-Account

Schauen Sie sich doch einmal an, welche Ihrer Daten schon migriert wurden. Über diesen Button können Sie jederzeit Ihr persönliches Cloud-Konto besuchen und den aktuellen Status überprüfen.

E-Mails mit Bildern und Texten lassen sich am besten in einer Tabelle anordnen, deren Linien Sie vor dem Versand ausblenden.

6.2 Poster

Poster bieten sich dann an, wenn Ihre Mitarbeiter und Mitarbeiterinnen im Unternehmensgebäude immer wieder an bestimmten Stellen vorbeikommen. Sie können sowohl für den Text als auch für die Gestaltung Inspirationen aus Ihrer Change Story ziehen.

Auch die Gestaltung von Postern folgt eigenen Regeln. Für Change-Projekte funktionieren in meinen Augen zwei Gestaltungen besonders gut:

Der lineare Aufbau folgt dem Aufbau eines normalen Textes mit seiner Leserichtung von links oben nach rechts unten. Solche Poster enthalten idealerweise drei Textabschnitte. Dabei können Sie den Dreiklang, also die Punkte, die Sie ansprechen möchten, frei wählen. Wir hatten schon über Simon Sineks »Golden Circle« gesprochen – da ist der Dreiklang »Warum? – Wie? – Was?«. Sie haben auch einen weiteren Dreiklang kennengelernt, nämlich »Vergangenheit – Gegenwart – Zukunft«. Je nachdem, an welchem Punkt Sie sich gerade in Ihrem Change-Projekt befinden, kann es aber auch sinnvoll sein, einen ganz anderen Dreiklang zu wählen.

Diese Art der Postergestaltung stützt sich vor allem auf Texte. Bilder und andere Illustrationen sind eher Schmuck als Werkzeug. Seien Sie sich dessen bewusst, wenn Sie Ihr Poster gestalten. Sie kennen Ihre Zielgruppe am besten – und nicht jede Zielgruppe kann mit dieser Art des Informationstransfers etwas anfangen. Sie bietet sich eher an, wenn die Hauptpunkte der drei Abschnitte schon bekannt sind und nun näher erläutert werden sollen.

Die lineare Gestaltung eignet sich besonders dann gut, wenn Sie mit dem Poster erste Informationen geben wollen, wie im Dreiklang »Warum – wie – was«, oder einen zeitlichen Ablauf in mehreren Schritten aufzeigen möchten.

Ein anderer Aufbau, der gut funktioniert, ist der radiale. Hierbei steht die Kernaussage in der Mitte und ist als solche auch gut gekennzeichnet. Bilder und Illustrationen werden jetzt zu Werkzeugen, zum Beispiel um die Hauptaussage auf den ersten Blick sichtbar zu machen. Weitere Aspekte und Nebenaussagen können wie Sonnenstrahlen von der Hauptaussage ausgehen.

Der radiale Aufbau eignet sich besonders gut für eine Momentaufnahme. So können Sie beispielsweise direkt vor einem Go-live-Termin einer neuen Software die Features aufzeigen, die Ihre Nutzer am nützlichsten finden werden.

So gestaltete Poster sprechen auch Menschen an, die nicht viel Text lesen wollen. Die meisten Punkte sind in Stichwörtern oder höchstens in kurzen Sätzen beschrieben und Bilder unterstützen die Aussagen. Solche Poster bieten sich an, wenn ein Punkt Ihrer Geschichte noch kaum bekannt ist.

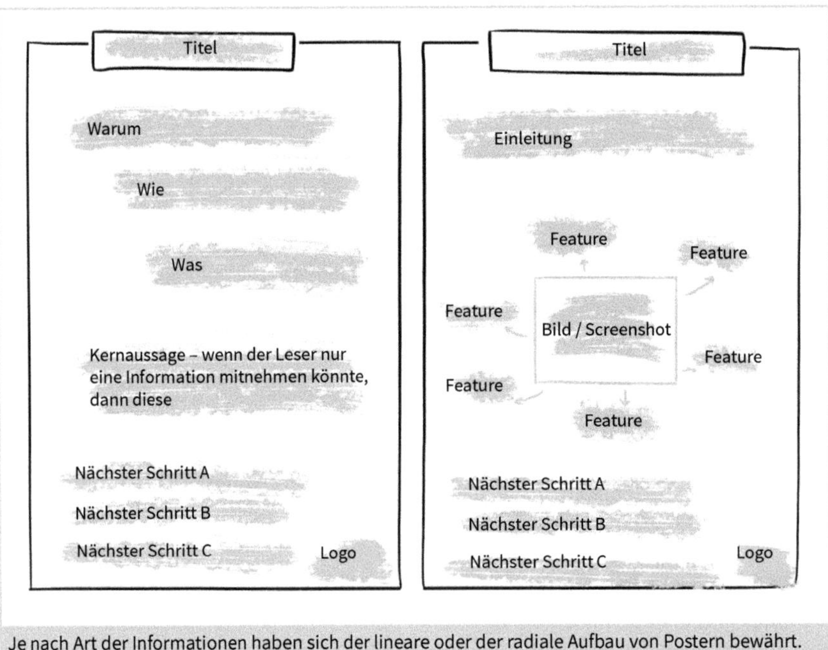

Je nach Art der Informationen haben sich der lineare oder der radiale Aufbau von Postern bewährt.

6.3 Flyer und Tischaufsteller

Flyer sind häufig eine Art Poster im Kleinformat. Dabei haben Sie mit einem Flyer noch ganz andere Einsatzmöglichkeiten.

Ein Leser kommt einem Flyer meist viel näher als einem Poster. Er kann ihn in die Hand nehmen und auch kleine Abschnitte genau lesen. Während er sich das Poster mit anderen Betrachtern teilen muss und sich deswegen eher auf die Kernbotschaften konzentriert, gehört der Flyer nur ihm selbst. Er kann ihn in seinem Tempo und an einem Ort seiner Wahl genauer studieren. Außerdem gibt es noch andere Formate als das ungefaltete DIN-Format – Sie könnten also beispielsweise einen Faltflyer planen oder eine ausgefallene Motivform stanzen lassen.

Etwas Ähnliches gilt für Tischaufsteller, die Sie in der Kantine auf den Tischen platzieren können. Diese Aufsteller werden ebenso genauer angesehen, werden allerdings nicht als mobil wahrgenommen. Sie gehören zur Tischdekoration und nur selten nehmen Mitarbeiter und Mitarbeiterinnen einen Tischaufsteller mit an ihren Arbeitsplatz.

Der Inhalt Ihres Flyers und Ihrer Tischaufsteller sollte sich unbedingt von dem Ihrer Poster unterscheiden. Überlegen Sie dabei nicht nur, welchen Inhalt sie transportieren möchten, sondern vorab unbedingt, wie viel Zeit Ihre Mitarbeiter und Mitarbeiterinnen mit dem Medium verbringen und wie sie in dieser Zeit darauf eingehen können.

6.4 Kaffeetassen

Ein Klassiker unter den Kommunikationsmitteln ist die Kaffeetasse. In nahezu jedem Unternehmen finden sich Tassen, die nicht nur mit dem Logo bedruckt sind, sondern dazu auch mit einem flotten Spruch oder einem Visionselement.

In einem seiner Vorträge hörte ich den Management-Vordenker Gunter Dueck einmal sagen: »... und das druckt man dann auf eine Kaffeetasse.«

Auch wenn ich ihm Recht gebe und glaube, dass Unternehmen es sich häufig viel zu einfach machen mit der vermeintlichen Umsetzung eines Ziels, hat die Kaffeetasse dennoch nicht ausgedient.

Aber besonders hier gilt, was ich auch zu allen anderen Kommunikationskanälen meine: So viel wie nötig, so wenig wie möglich. Drucken Sie nicht die gesamte Change Story auf eine Tasse. Noch nicht einmal einen Absatz. Höchstens ein Zitat. Besser noch: nur ein Bild. Ihre Mitarbeiter und Mitarbeiterinnen haben die Kaffeetassen von Montag bis Freitag buchstäblich täglich in der Hand. Je größer die Botschaft ist, die sie jeden Tag so sehen, desto schneller nutzt sie sich ab.

Sehen Sie die Kaffeetasse also lieber als Mittel der Wahl, wenn Sie mit einem kleinen Schnipsel einer Botschaft dauerhaft im Gedächtnis bleiben möchten. Das könnte beispielsweise einfach eine witzige Zeichnung der Hauptfigur Ihrer Change Story sein, die gerade einen Kaffee trinkt.

6.5 Messenger-Bot

In einer Zeit, in der beinahe jeder von uns täglich sein Smartphone mit sich trägt, haben sich auch Kanäle wie Whatsapp für die Kommunikation eröffnet. Gerade weil Whatsapp immer wieder ein Sorgenpunkt für Unternehmen ist, möchte ich an dieser Stelle noch einmal darum bitten, dass Sie vorher alles ausführlich mit Ihrem Datenschutzexperten besprechen.

Vor einiger Zeit habe ich mich für eine Aktion der Stadt Aschaffenburg angemeldet, die über einen festgelegten Zeitraum hinweg im Namen eines schon längst verstorbenen Einwohners der Stadt Whatsapp-Nachrichten verschickt hat. Darin wurde aus der Ich-Perspektive sein Leben als Teil der jüdischen Gemeinde der Stadt erzählt.

Als ich mit der Initiatorin des Projekts sprach, erzählte sie mir davon, dass die Resonanz erstaunlich positiv ausgefallen war. Es hatten sich weit mehr Nutzer angemeldet, als sie anfangs angenommen hatte.

Die Idee, aus der Sicht der Hauptfigur zu schreiben, fand ich faszinierend. Auch wenn ich natürlich zu jeder Zeit wusste, dass die Nachrichten nicht vom Kaufmann Max Hamburger stammten, waren sie erstaunlich persönlich.

Für Sie und Ihr Change-Projekt heißt das, dass sie beispielsweise vor dem Roll-out einer neuen Software eine Whatsapp-Serie starten können, in der die Hauptfigur Ihrer Change Story alle Schritte genau beschreibt.

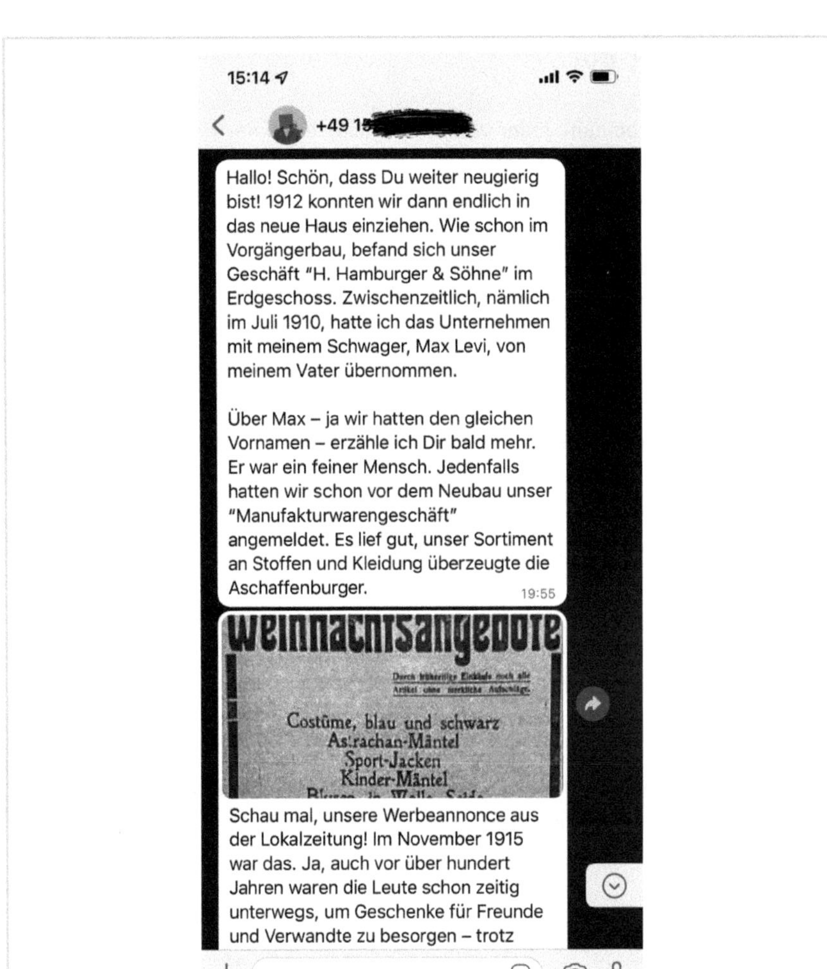

Mit einem Messenger-Bot können Sie Teile Ihrer Change Story automatisiert über einen ungewöhnlichen Kanal ausspielen.

6.6 Logo und Slogan

Aus meiner Sicht braucht ein Projekt unbedingt ein gutes Logo und einen starken Slogan, der über die gesamte Laufzeit des Projekts die Botschaft transportieren kann. Häufig jedoch ist der Projektname wenig aussagekräftig oder vielleicht sogar mit einer widersprüchlichen Botschaft behaftet. Dazu gibt es kein Logo und schon gar keinen Slogan.

Vor einigen Jahren begleitete ich ein Unternehmen, das sein Digitalisierungsprojekt »Magellan« nannte. Ferdinand Magellan, einem portugiesischen Seefahrer, gelang die erste historisch belegte Weltumsegelung, als er auf der Westroute zu den Gewürzinseln, einer indonesischen Inselgruppe, gelangen wollte.

Statt dieser großartigen Leistung brannte sich den Mitarbeitern und Mitarbeiterinnen meines Kunden jedoch eine andere Botschaft ein: Magellan hatte auf dieser Reise von seiner Mannschaft mit 240 Mann auf fünf Schiffen etwa zwei Drittel verloren. Nur ungefähr 90 Mann kehrten lebend wieder zurück.

Ein positives Gegenbeispiel war der Name eines anderen Projekts: Connect 15. Mit diesem Projekt wollte mein Kunde alle Mitarbeiter und Mitarbeiterinnen mit einer Collaboration-Software ausstatten und sie so untereinander besser vernetzen. Das Projektziel steckte schon im Namen und war für alle Projektmitglieder ansprechend – auch das war ein Grund für den Ansporn, damit das Projekt rechtzeitig erfolgreich abgeschlossen werden konnte.

Aus einem starken Projektnamen und mit der richtigen Vorarbeit zur Projektvision lassen sich Change-Logo und -Slogan meist einfach extrahieren.

Der Slogan sollte leicht verständlich und aktiv formuliert sein. Weniger ist hier – wie so oft – mehr. Sie besten Slogans bestehen aus nur wenigen Worten. Wahrscheinlich sehen Sie es im direkten Vergleich ähnlich:

Slogans

Projekt ABC – Unser Ziel ist es, unseren Mitarbeitern und Mitarbeiterinnen die Zusammenarbeit über alle Abteilungen hinweg zu erleichtern.
Projekt ABC – Connecting people

Oft reichen tatsächlich ein Nomen und ein Verb, die das Ziel auf den Punkt bringen und dennoch Spielraum für weitere Gedanken und Unterziele lassen.

Das Logo sollte schnell erfassbar sein und Wiedererkennungswert haben. Der Typograf Kurt Weidemann sagte einmal: »Ein Logo ist dann gut, wenn man es mit dem großen Zeh in den Sand kratzen kann.« Einfachheit ist also auch hier Trumpf.

Damit Ihr Projekt professionell auftritt, sollte auch das Logo ordentlich gestaltet sein. Sie brauchen nicht zwingend einen Designer, sollten aber wenigstens auf ein paar grundlegende Punkte achten:

Nutzen Sie bekannte Farbharmonien, also Farben, die es in Ihrem Corporate Design schon gibt und die aufeinander abgestimmt sind. Ein bis zwei Farben reichen meist völlig aus – mit mehr Farben wirkt es schnell unruhig. Probieren Sie dabei aus, ob das Logo auch schlicht in Weiß oder Schwarz funktioniert, manchmal brauchen Sie die einfarbige Version. Sollten Sie einen Schriftzug planen, nutzen Sie ebenfalls die Schriftart, die in Ihrem Corporate Design verankert ist.

Lassen Sie das Logo nicht zu kleinteilig werden. Sie möchten es möglicherweise auch mal sehr klein auf eine Visitenkarte drucken, da soll alles Wichtige zu erkennen sein.

Außerdem sollten Sie Ihr Logo in verschiedenen Dateiformaten zur Verfügung haben. Die gängigen sind jpeg oder png, doch besonders für größere Drucke kann Ihnen auch eine svg-Datei helfen. Außerdem brauchen Sie all diese Dateien auch in Schwarz und Weiß. Damit sollten Sie auf alles vorbereitet sein.

6.7 Events

Kleine oder größere Veranstaltungen lassen sich wunderbar mit Ihrer Change Story verknüpfen. Gerade in Zeiten, in denen Präsenzveranstaltungen nicht möglich sind, können Events auch online stattfinden. Die Möglichkeiten sind schier unendlich.

Nicht nur der Titel, sondern auch Agenda, Ambiente und Give-aways sollten zu Ihrer Change Story passen.

Change Story aufgreifen

Mit einem Versicherungsunternehmen entwickelte ich eine Change Story, deren Protagonist eine fiktive Figur, nämlich ein Würfel war. Seine große Schwäche war die Mathematik, aber die musste er bewältigen, um in einem Casino spielen zu dürfen. Die Story, so absurd sie sich für Außenstehende auch anhören mag, passte hervorragend zum Unternehmen und zum Ziel der Veränderung.
Ein Halbjahresevent des Projekts sollte den Mitarbeiterinnen und Mitarbeitern den Zwischenstand des Projekts näherbringen und sie auf die neue Software gespannt machen, mit der sie verschiedene Szenarien schneller würden durchrechnen können.
Dafür bestand nicht nur die Bestuhlung und Dekoration des Saales aus Würfeln und Quadern – auch jede Präsentation war darauf angepasst: Die Form fand sich beispielsweise in Aufzählungszeichen oder grafischen Darstellungen von Daten wieder. Zum Abschluss des Events erhielten die Mitarbeiter und Mitarbeiterinnen selbst bedruckte Zauberwürfel mit Lösungsanleitung.

Denken Sie auch daran, nicht nur Pausen, sondern auch kurze Sessions zur Auflockerung einzubauen. Gerade in Onlineevents ist dies besonders wichtig, um die Teilnehmer und Teilnehmerinnen für die Dauer des Events interessiert zu halten.

6.8 Podcast oder Blog

Ein Unternehmens- oder sogar Projektpodcast ist vergleichsweise einfach zu erstellen. Der Vorteil gegenüber einem Blog ist, dass der Zeitaufwand für Ersteller und Empfänger sehr viel geringer ist. Außerdem kann man einen Podcast auch hören, wenn man nicht gerade am Computer sitzt. Der Inhalt eines Blog-Artikels lässt sich hingegen mit Bildern und Links unterstützen, was beim Podcast nur bedingt möglich ist. Ich empfehle, Blog und Podcast gemeinsam zu führen und als Einheit zu sehen. Die meisten Podcasts verfügen über sogenannte Shownotes, also einen schriftlichen Teil zu einer Podcast-Folge, in dem Sie Links, E-Mail-Adressen, Abbildungen und vieles mehr hinterlegen und in der Folge mündlich darauf Bezug nehmen können. Mit einem Blog-Artikel, in dem Sie das Audio der Podcast-Folge verlinken, kann der Inhalt auch später immer noch über das Intranet gefunden oder sogar abonniert werden.

Wie so häufig ist die Kontinuität das Problem. Überlegen Sie sich also schon vorab, wie regelmäßig Sie eine Folge veröffentlichen möchten, und erstellen Sie sich einen Redaktionsplan. Mit einer Change Story sollten Sie auch kaum in die Verlegenheit geraten, keinen Inhalt zu haben. Mögliche Inhalte für Ihren Podcast und Ihren Blog könnten zum Beispiel sein:

- einzelne Episoden aus Ihrer Change Story mit Cliffhangern
- Updates zu Meilensteinen in Ihrem Projekt
- Einblicke in die Zusammenarbeit im Projekt
- Ausblicke darauf, wie die Arbeit sich durch das Projekt verändert
- Interviews mit Projektsponsor, Projektleiter oder Teammitgliedern
- Interviews mit Mitarbeitern und Mitarbeiterinnen, die sich auf die Veränderung freuen, das neue Produkt schon nutzen oder es aus anderen Unternehmen schon kennen
- Berichte über Events, Trainings oder Workshops im Rahmen Ihres Projekts

Ich bin mir sicher, dass Ihnen im Laufe der Zeit immer weitere Möglichkeiten einfallen, Ihren Podcast mit wertvollen Inhalten zu füllen. Falls Ihnen doch einmal die Ideen ausgehen, schauen Sie sich auf der Website zum Buch um. Dort finden Sie eine ständig wachsende Liste an Ideen.

DIGITALE EXTRAS

Inspirationen

Inspirationen zu diesem und vielen weiteren Themen finden Sie auf der Website zum Buch: www.change-storys.de

Bitte unterschätzen Sie die Notwendigkeit des Redaktionsplans nicht. Er nimmt Ihnen die Angst davor, keine Inhalte veröffentlichen zu können, weil Ihnen nichts einfällt. So können Sie beispielsweise am Ende eines Quartals die Inhalte für das nächste planen und vorbereiten und brauchen sie dann nur noch zum Termin zu veröffentlichen. Eine Vorlage für einen Redaktionsplan finden Sie ebenfalls auf der Website zum Buch.

Setzen Sie auf Vielfalt. Veröffentlichen Sie zum Beispiel nicht drei Interviews hintereinander, sondern zwischendurch immer noch andere Inhalte. Ein ausgearbeiteter Redaktionsplan für Ihren Change-Podcast könnte demnach in etwa so aussehen wie in der folgenden Abbildung.

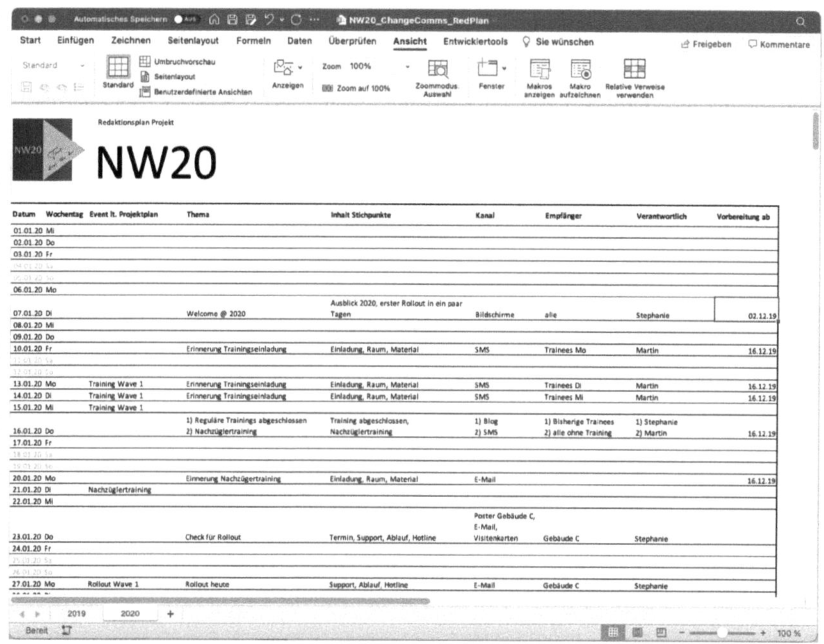

Redaktionsplan Projekt

NW20

Datum	Wochentag	Event lt. Projektplan	Thema	Inhalt Stichpunkte	Kanal	Empfänger	Verantwortlich	Vorbereitung ab
01.01.20	Mi							
02.01.20	Do							
03.01.20	Fr							
04.01.20	Sa							
05.01.20	So							
06.01.20	Mo							
07.01.20	Di		Welcome @ 2020	Ausblick 2020, erster Rollout in ein paar Tagen	Bildschirme	alle	Stephanie	02.12.19
08.01.20	Mi							
09.01.20	Do							
10.01.20	Fr		Erinnerung Trainingseinladung	Einladung, Raum, Material	SMS	Trainees Mo	Martin	16.12.19
11.01.20	Sa							
12.01.20	So							
13.01.20	Mo	Training Wave 1	Erinnerung Trainingseinladung	Einladung, Raum, Material	SMS	Trainees Di	Martin	16.12.19
14.01.20	Di	Training Wave 1	Erinnerung Trainingseinladung	Einladung, Raum, Material	SMS	Trainees Mi	Martin	16.12.19
15.01.20	Mi	Training Wave 1						
16.01.20	Do		1) Reguläre Trainings abgeschlossen 2) Nachzüglertraining	Training abgeschlossen, Nachzüglertraining	1) Blog 2) SMS	1) Bisherige Trainees 2) alle ohne Training	1) Stephanie 2) Martin	16.12.19
17.01.20	Fr							
18.01.20	Sa							
19.01.20	So							
20.01.20	Mo		Einnerung Nachzügertraining	Einladung, Raum, Material	E-Mail			16.12.19
21.01.20	Di	Nachzüglertraining						
22.01.20	Mi							
23.01.20	Do		Check für Rollout	Termin, Support, Ablauf, Hotline	Poster Gebäude C, E-Mail, Visitenkarten	Gebäude C	Stephanie	
24.01.20	Fr							
25.01.20	Sa							
26.01.20	So							
27.01.20	Mo	Rollout Wave 1	Rollout heute	Support, Ablauf, Hotline	E-Mail	Gebäude C	Stephanie	

Ein einfacher Redaktionsplan kann Ihnen helfen, die Inhalte für Podcast oder Blog zu planen und vorzubereiten.

6.9 Intranetseite

In größeren Unternehmen ist es schon fast Pflicht, für ein Change-Projekt eine eigene Intranetseite zu erstellen. Die Mitarbeiterinnen und Mitarbeiter haben dann die Möglichkeit, sich die Zeitpläne anzusehen, Trainingsmaterial herunterzuladen oder Kontaktpersonen zu finden.

Oft meint man, dass man auf dieser Intranetseite nicht viel Gestaltungsspielraum hat. Es gibt jedoch eine Menge Content-Management-Systeme, die Unternehmen für ihr Intranet nutzen. Manche von ihnen ermöglichen es, Seiten individuell zu gestalten und mit ganz unterschiedlichen Elementen auszustatten. Wenn all das nicht möglich ist, bleibt Ihnen zumindest noch die Möglichkeit, die Intranetseite mit der passenden Bildsprache zu versehen.

Wenn alle Seiten gleich aussehen, hebt sich die Seite für Ihr Projekt durch passende Bilder schon von ganz allein von den anderen ab. Hinterfragen Sie, was Sie wirklich von anderen Seiten übernehmen müssen und was Sie individuell gestalten dürfen. Damit meine ich nicht nur die technischen Möglichkeiten, sondern auch Schriften, Farben und andere Elemente.

Ein Tipp, der sich an dieser Stelle immer wieder bewährt: Sie müssen nicht zwangsläufig auf Bilder und Grafiken zurückgreifen, die Sie auf Stockbilder-Plattformen finden – Sie können auch selbst welche erstellen. Das geht beispielsweise ohne großen Aufwand in PowerPoint. Diese selbst gebastelten einfachen Grafiken können Sie dann als Button, Pfeile oder andere Markierungen einsetzen. In manchen Baukastensystemen lassen sich PNG-Dateien nur schwer einfügen oder anzeigen. Möchten Sie dennoch Grafiken in anderen Formen als dem Bildformat einfügen, gibt es einen einfachen Trick: Achten Sie dabei darauf, dass nur das Element farbig ist und der Hintergrund Ihrer Grafik die gleiche Farbe wie der Hintergrund Ihrer Intranetseite hat. So können Sie sogar ganz individuelle Schaltflächen erstellen, indem Sie ein Bild hochladen und es mit einem Hyperlink verknüpfen.

Wichtig ist auch der Aufbau der Seite. Wer sich schon so sehr für Ihr Projekt interessiert, dass er auf der Intranetseite nach weiteren Informationen sucht, sollte auch möglichst schnell fündig werden. Schreiben Sie das Wichtigste so weit oben wie möglich. Im Webdesign gibt es einen Bereich, den man »above the fold« nennt. Damit war ursprünglich der Teil eines Briefes gemeint, den man sofort sieht, wenn man den Brief aus seinem Umschlag nimmt. In der Regel stehen dort die Anschrift, das Logo des Absenders, das Datum und die Betreffzeile. Auf Web- und Intranetseiten ist das der Teil, den der Besucher sieht, ohne scrollen zu müssen. Hier sollte er die wichtigsten Informationen finden und erkennen können, warum es sich lohnt weiterzulesen.

Verschenken Sie hier keinen Platz, indem Sie Ihre Besucher willkommen heißen oder Ihnen sagen, dass sie nun auf der Intranetseite des Projekts XY gelandet sind. Ihre Besucher wissen das. Nutzen Sie den Platz lieber für Informationen, die momentan für einen Großteil der Nutzer am wichtigsten sind, und aktualisieren Sie die Informationen regelmäßig – wenn zum Beispiel ein Roll-out in einem anderen Land ansteht oder sich Termine ändern.

Sollten Sie die Möglichkeit haben, auf Ihrer Intranetseite in Spalten zu arbeiten, können Sie hier auch direkt wichtiges Trainingsmaterial verlinken. So werden Icons des verlinkten Materials nicht untereinander, sondern nebeneinander angezeigt. Damit müssen die Nutzer nicht erst lange danach suchen und finden alles sofort beim Öffnen der Seite. Sie werden es Ihnen danken.

6.10 Videos

Videos sind immer wieder ein spannendes Gesprächsthema. Egal mit welchem Kunden ich bisher über eine Videoreihe gesprochen habe: Anfangs waren die Ängste und Sorgen immer die gleichen – und später die Überraschung und die Freude darüber, dass die Videos so gut angekommen waren, umso größer. Bevor Sie also gleich weiterblättern, denken Sie gern noch einen Moment darüber nach, ob Videos nicht doch eine Möglichkeit für Sie wären.

Die Fragen, die sich die meisten in diesem Zusammenhang stellen, sind auch immer dieselben: Wer soll in dem Video zu sehen sein? Wir haben gar nicht die Technik für so was – wie sollen wir das anstellen? Auf unserer Plattform können wir Videos nicht hochladen, sie sind einfach zu groß, was können wir da tun? Gehen wir es der Reihe nach durch.

In den Videos sollten ganz unterschiedliche Leute zu sehen sein. Allen voran Sie mit Ihrem Projekt. Auf den ersten Blick mag Ihnen das Sorgen bereiten, weil Sie nicht gern vor der Kamera stehen. Doch wenn Sie es schaffen, diese Angst zu überwinden, gewinnen Sie dadurch umso mehr. Videos sind eine der besten und am leichtesten herzustellenden Kommunikationslösungen – mit ihnen kommen Sie dem Empfänger ganz nah. Er liest nicht nur, was Sie über die Veränderung schreiben, sondern er hört und sieht Sie sogar. Über die Gestik und Mimik können wir ein Vielfaches mehr an unterbewussten Informationen übermitteln als nur in geschriebener Sprache.

Für das Aufnehmen von Videos ist noch nicht einmal ein spezielles Training notwendig, im Gegenteil: Das könnte sogar hinderlich sein. Wenn die Empfänger Ihrer Story sehen, wie Sie vor der Kamera authentisch erzählen, warum diese Veränderung notwendig ist, ist das ein großer Gewinn. Ihre Mitarbeiter und Mitarbeiterinnen vertrauen Ihnen in einem solchen Video eher, wenn sie Sie so sehen, wie sie Sie wahrscheinlich auch schon kennen gelernt haben. Ihr spontaner Wortschatz, wie Sie Dinge beschreiben, kurze Sprechpausen und auch das eine oder andere »Ähm« machen Ihre Botschaft echt.

Wenn Sie den Anfang gemacht haben, sollten Sie Ihr ganzes Team involvieren – es vorstellen, Entwicklungsschritte erklären und später sogar die Nutzer interviewen. Gerade für solche kurzen Botschaften bieten sich einzelne Storyelemente an.

Eine ausgefeilte Technik brauchen Sie dafür in der Regel gar nicht. Besonders, wenn Sie in einem kleineren Unternehmen arbeiten, das kein eigenes Technikteam hat, das sich nur um solche Dinge kümmert, verzeihen Ihre Mitarbeiter und Mitarbeiterinnen Ihnen auch ordentliche Handyvideos.

Achten Sie darauf, dass Sie ein Headset mit einem hochwertigen Mikrofon tragen, damit Sie später auch gut zu verstehen sind. Wichtig ist zudem, dass Sie bzw. andere Gefilmte bei der Aufnahme des Videos nicht die Sonne oder eine andere starke Lichtquelle im Rücken haben. Nutzen Sie außerdem ein Stativ, auch wenn Sie sich während des Videos nicht bewegen. Für bewegte Aufnahmen eignen sich Stative mit einer kardanischen Aufhängung, sogenannte Gimbal-Stative. Sie verhindern, dass das Video verwackelt, wenn sich die Kamera bewegt.

Inspirationen

DIGITALE EXTRAS

Auf der Website zum Buch finden Sie eine Liste mit Technik- und Set-up-Tipps zum Downloaden: www.change-storys.de

Wenn Sie die Videos nicht auf Ihrer Intranetseite platzieren können, können Sie sie möglicherweise bei einem Videoportal wie *YouTube* oder *Vimeo* hochladen. Stellen Sie die Sichtbarkeit des Videos auf »privat« – so können nur Besucher mit einem direkten Link das Video ansehen und es wird nicht in der Übersicht gezeigt. Den Link dazu können Sie dann auf Ihrer Intranetseite einbetten, beispielsweise verknüpft mit einem Screenshot des Startbildschirms des Videos, damit die Besucher gleich wissen, dass es sich um ein Video handelt.

Klären Sie aber bitte unbedingt vorher ab, ob dieses Vorgehen mit dem Datenschutz in Ihrem Unternehmen konform ist.

6.11 Gewinnspiel

Gewinnspiele locken oft auch die mürrischsten Kommunikationsempfänger aus der Reserve. Sie können eine Frage stellen, eine Schnitzeljagd veranstalten oder einfach Lose ziehen lassen.

Verlosen Sie etwas, womit die Nutzer wirklich etwas anfangen können. Es sollte nicht irgendein Werbegeschenk sein. In einem Kundenprojekt, in dem eine neue Office-Version mit Skype for Business ausgerollt wurde, verlosten wir Headsets und Freisprechgeräte von hoher Qualität. Die Resonanz darauf war großartig.

Achten Sie darauf, dass das Gewinnspiel mit Ihrer Change Story verknüpft ist. Sie könnten zum Beispiel eine Frage zu einem Detail aus Ihrer Story stellen und die Mitarbeiter und Mitarbeiterinnen damit dazu auffordern, durch Recherche die richtige Antwort herauszufinden. Sie könnten auch eine Schätzfrage stellen, wenn dies zur Story und dem Projekt passt, z. B.:

- Was glauben Sie, wie viele Daten werden während der Migration pro Stunde in unsere neue Cloud hochgeladen?
- Wie schnell, glauben Sie, fährt die Eisenbahn, mit der unser Held Heinrich unterwegs ist?

6.12 Visualisierungen

Neben Fotos, die Sie entweder selbst erstellen oder aus Stockfotobörsen beziehen, können Sie auch einen Katalog mit eigenen Visualisierungen passend zu Ihrer Change Story entwerfen. Gerade in Meetings, in denen es manchmal schnell gehen und eine grobe Skizze am Flipchart genügen muss, können diese Visualisierungen helfen.

Visualisierungen ziehen immer Aufmerksamkeit auf sich. Ab und zu begleite ich Firmen-Events mit einem Grafik-Recording. Neben dem Buffet ist meine Leinwand dann meist der bestbesuchte Platz während der ganzen Veranstaltung. Das ist kein Wunder, denn Menschen mögen es, einfach gezeichnete Bilder anzusehen und darin etwas zu erkennen, was sie gerade erlebt haben.

Natürlich müssen Sie mit Ihrem eigenen Visualisierungskatalog nicht unbedingt ein komplettes Grafik-Recording bestreiten können. Doch auch während einer Präsentation in einem Meeting sind Visualisierungen hilfreich. Vielleicht bekommen Sie dort sogar noch mehr Aufmerksamkeit, weil Sie ein Vorreiter sind.

Einfache Visualisierungen können Sie schon erstellen, wenn Sie gängige Formen zeichnen können und das Alphabet sowie die Zahlen von eins bis zehn beherrschen. Die besten sind nämlich so einfach, dass sie sich ohne Umwege aus geraden und geschwungenen Linien, Kreisen, Ovalen und mehr oder weniger gleichmäßigen Rechtecken zusammenbauen lassen. Es ist die Superkraft von guten Visualisierungen, dass sie nicht aufwendig sind. Man braucht nicht viel, meist nur ein paar Striche, und schon hat man einen Sachverhalt bildlich dargestellt.

Für viele meiner Kunden ist es ein erster Schritt, in einem Meeting am Flipchart nicht nur Bulletpoints aufzunehmen, sondern kleine Kästchen vor die einzelnen Punkte zu zeichnen, die sie als Checkboxen nutzen. Dadurch wird sofort klar, dass es hier etwas zu erledigen gibt. Selbst das Unterbewusstsein eines verschlafenen Meetingteilnehmers wird jetzt wach, wenn eine dieser unerledigten Aufgaben für ihn gedacht ist.

Es gibt auch einen kleinen Trick, mit dem jede Visualisierung gleich viel spannender aussieht: ein Schatten – einfache graue Linien, die sich immer an der gleichen Seite der Objekte befinden. Stellen Sie sich vor, dass eine Lichtquelle aus immer der gleichen Richtung scheint. Bei mir ist es immer links oben. Damit sind die Schatten an meinen Visualisierungen immer rechts unten. Das gibt jeder Visualisierung einen 3-D-Effekt.

Schon mit mehr oder weniger runden Kreisen, geraden Linien und den Buchstaben können Sie die besten Visualisierungen erstellen.

Überfrachten Sie Ihr Flipchart nicht. Bedenken Sie, dass Sie die Aufmerksamkeit Ihrer Zuhörer auf einzelne Punkte lenken wollen – es soll kein Kunstwerk werden. Ein oder zwei Objekte reichen in der Regel völlig aus. Einige Visualisierungsideen finden Sie schon auf den nächsten Seiten. Einen größeren Katalog und eine genaue Anleitung finden Sie zum Download auf der Website zum Buch.

DIGITALE EXTRAS

Inspirationen

Inspirationen zu diesem und vielen weiteren Themen finden Sie auf der Website zum Buch: www.change-storys.de

Manchmal gewinnen diese Visualisierungen sogar ein gewisses Eigenleben. So hat es einmal in einem Projekt eine Visualisierung auf Notizbücher, Briefumschläge und T-Shirts geschafft.

Der imaginäre Held der Story, Thomas Targetti, kann mit der neuen Collaboration-Software seine Termine sogar von unterwegs abhalten.

6.13 Bilderreihe

Ganz gleich, ob Sie mit Visualisierungen oder Fotos arbeiten: Sie können den Mitarbeitern und Mitarbeiterinnen eine Bilderreihe zu verschiedenen Situationen zum Download zur Verfügung stellen.

Mit freundlichen Grüßen,

Vorname Nachname

Senior Change Communication Manager

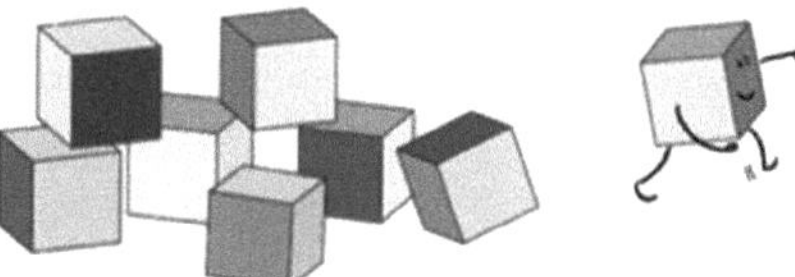

Im Intranet finden Sie weitere Informationen über das Projekt ‚CUBE'

Schokominza AG
Musterring 1-3 | 12345 Schokominzien

vorname.nachname@schokominzia.de
01234.56789-0

Einzelne Bilder lassen sich an verschiedenen Stellen nutzen, zum Beispiel auch in der E-Mail-Signatur.

Zu Beginn der Covid-19-Pandemie erstellten wir mit einem Kunden Hintergründe für die *Teams*-Besprechungen. Die Change Story, die sich das Unternehmen kurz vorher erarbeitet hatte, spielte im Weltall. Die Hintergründe waren also Blicke auf die Kommandobrücke, radial unscharfe Sternbilder und außergewöhnliche Landschaften, die anmuteten, als lägen sie auf fremden Planeten.

Kleinere Bilder eignen sich aber auch für die E-Mail-Signatur, ein Banner für das Profilbild im Messenger oder virtuelle Postkarten.

Überlegen Sie sich, an welcher Stelle Ihre Projektmitglieder Bilder benutzen könnten, um die Change Story und damit die Aufforderung zur Veränderung weiter ins Unternehmen zu tragen.

6.14 Videostatements

Wir sprachen schon über Videos und darüber, dass Sie auch von implementierten Veränderungen Betroffene darin zeigen können. Videostatements verdienen aber noch einmal eine gesonderte Erwähnung, weil es hier wichtige Dinge zu beachten gilt.

Ein gutes Statement sollten Sie vorbereiten. Sorgen Sie dafür, dass eine angenehme Atmosphäre herrscht. Nur selten werden Sie gute Statements bekommen, wenn Sie zwischen Tür und Angel nachfragen. Stellen Sie für die Kollegen oder Kolleginnen wenigstens einen kurzen Termin ein und erklären Sie, was sie erwartet.

Arbeiten Sie einen kleinen Fragenkatalog aus. Für ein kurzes Statement sollten es in der Regel nicht mehr als drei Fragen sein. Wenn Sie nach diesem Muster vorgehen, bieten sich zum Beispiel folgende Fragen an:

- Wie war deine Situation vorher?
- Wie ist deine Situation jetzt?
- Wie genau hat das Projekt dir dabei geholfen?

Lassen Sie Ihren Statementgeber die Fragen vorher lesen. So kann er sich schon vorbereiten und kurze, knackige Antworten formulieren.

Um mit einem Videostatement den Bezug zur Change Story herzustellen, gibt es mehrere Möglichkeiten. Sie könnten ein kurzes Intro für Ihre Videostatements produzieren lassen, in dem Elemente aus der Change Story vorkommen. Es ist auch möglich, dass zu Beginn des Interviews der Protagonist oder seine Visualisierung zu sehen ist und den Rahmen des folgenden Videos erklärt – entweder mit einem Untertitel oder besser noch vertont.

Kurze Hinführung zum Statement
Wir haben Frau Müller gefragt, wie sie die Herausforderungen der letzten Monate erlebt hat. Hier ist ihre Antwort ...

In diesem Fall sollten Sie die Fragen, die Sie Frau Müller stellen, besser herausschneiden. Damit wirkt ihre Antwort wie aus einem Guss.

6.15 Flashmob

Gibt es ein Lied oder einen Tanz, der wunderbar zu Ihrer Change Story passt? Rufen Sie öffentlich alle Mitarbeiter und Mitarbeiterinnen dazu auf, an einem Flashmob teilzunehmen.

Flashmobs machen allen Beteiligten Spaß. Fangen Sie diese Emotionen ein. Sorgen Sie also beispielsweise dafür, dass Profis die Veranstaltung filmen und fotografieren. Informieren Sie Ihre Mitarbeiter und Mitarbeiterinnen allerdings vorher davon.

Die Fotos und Videos können Sie später auf vielfältige Weise verwenden. Eine Bildergalerie im Intranet können Sie praktisch schon am folgenden Tag bereitstellen. Dann ist die Emotion noch frisch und alle schauen rein, ob sie sich selbst auf den Bildern wiederfinden.

Das Video zu bearbeiten wird vermutlich ein wenig länger dauern, aber auch dieses lohnt es sich im Intranet zu teilen. Ein Profi wird das Video vermutlich neu vertonen und, sofern das Element aus Ihrer Change Story ein Lied ist, dieses klar einspielen.

Sie können die Ergebnisse aus dem Flashmob auch mit anderen Aktionen kombinieren. So könnten Sie zum Beispiel bei einem Gewinnspiel fragen: Wie viele Personen stehen auf einem Bein?

6.16 Kleidung

Manchmal haben Storys ein gewisses Eigenleben. So ist es mir in einem Projekt ergangen: Eines Nachmittags erreichte mich eine E-Mail von einem Kollegen aus der Türkei. Er koordinierte dort den Roll-out einer neuen Software. Im Anhang der Mail befand sich ein Foto, das ihn mit einem Kollegen zeigte. Beide lächelten und hielten den nach oben gereckten Daumen in die Kamera. Und beide trugen das gleiche T-Shirt mit einem Aufdruck der Hauptfigur unserer Change Story. Sie war auf Rollschuhen offensichtlich unterwegs zu einem dringenden Termin. Mit diesen T-Shirts stattete der Koordinator das gesamte Supportteam aus, das während des Roll-outs die Nutzer bei Fragen unterstützen würde. So waren die Mitglieder des Teams leicht zu erkennen und man konnte sie einfach ansprechen.

In einem anderen Projekt hat ein Kunde die Werte, die er durch das Change-Story-Framework wiederentdeckt hatte, auf große, weiche Schals drucken lassen. So sollten die Mitarbeiter und Mitarbeiterinnen die Wärme von Wörtern wie »Gemeinschaft« oder »Respekt« gleich fühlen können. Die Schals waren wiederum die Gewinne einer Tombola.

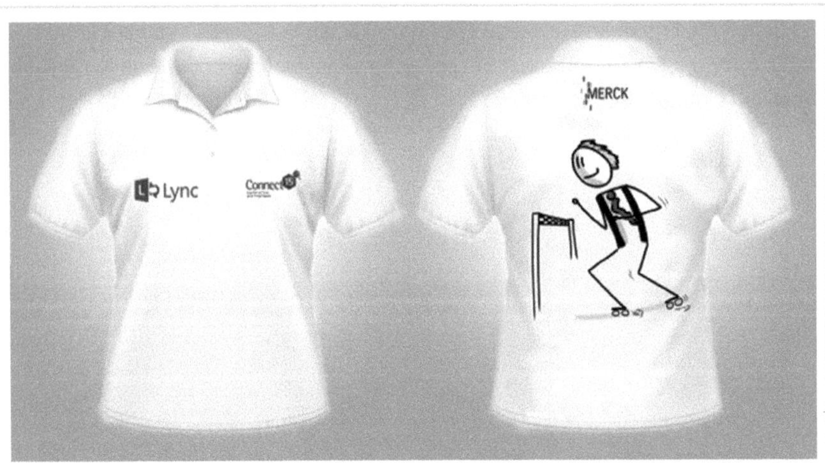

Mit gebrandeter Kleidung können beispielsweise Mitglieder eines Supportteams schnell erkannt werden.

6.17 Wimmelbilder

In einem Wimmelbild können Sie praktisch die gesamte Change Story unterbringen, damit Mitarbeiter und Mitarbeiterinnen sie sich als Poster aufhängen können. Es gibt professionelle Wimmelbildzeichner, die komplexe Sachverhalte hervorragend in Szene setzen und sogar kleine Witze einbauen können.

Ein ausführliches Briefing ist hier besonders wichtig. Geben Sie dem Zeichner dafür am besten die Niederschrift der kompletten Change Story. Sofern es zulässig ist, können Sie ihm auch den Zugang zu Ihrem Change-Story-Setzkasten ermöglichen. Das geht jedoch nur dann, wenn sich dort keine ausschließlich firmeninternen Informationen befinden.

Sammeln Sie für ihn auch kleine witzige Informationen und Anekdoten, die viele Mitarbeiter und Mitarbeiterinnen kennen. Das kann beispielsweise sein, dass jeder zweite Kollege an der Tür zur Kantine zieht, obwohl darauf ein großes Schild mit der Aufschrift »Drücken« prangt.

Legen Sie gemeinsam mit ihm einen Stil fest, in dem das Bild gezeichnet werden soll. Außerdem braucht er Informationen über die Farbcodes, die im Unternehmen genutzt werden, oder eine Farbpalette, die besonders zur Story passt. Haben Sie sich für eine Gründerstory entschieden, könnten Sie beispielsweise vereinbaren, dass das Wimmelbild in Sepiatönen mit Akzentfarben gehalten sein soll.

6.18 Kunstinstallation

Für eine Kunstinstallation beauftragen Sie keinen Künstler – Sie lassen sie von Mitarbeitern und Mitarbeiterinnen gemeinsam erstellen.

Ein immer wieder gern genutzter Klassiker ist ein mehrteiliges Bild: Viele Mitarbeiter und Mitarbeiterinnen gestalten eine kleine Leinwand, auf der nur die Konturen schon vorgegeben sind. Zusammengesetzt ergeben diese Leinwände den Schriftzug des Unternehmens oder den Namen des Projekts. Dabei ist jede Leinwand individuell – und doch passen alle zusammen.

Solche Aktionen finden oft Platz in Teamworkshops – damit steigt die Wahrscheinlichkeit, dass auch in Ihrem Unternehmen schon einige Mitarbeiter und Mitarbeiterinnen ein solches Bild erstellt haben. Leider nutzt sich der Effekt schnell ab: Wer in einem zu kurzen Zeitraum an zu vielen Bildern mitgewirkt hat, entwickelt nur noch schwer ein Gemeinschaftsgefühl.

Sie können jedoch auch ganz andere Installationen initiieren.

Kunstinstallation

In einem Kundenprojekt drehte sich alles darum, dass ein völlig neues Gesetz ein altes ablösen würde. Damit würden sich grundlegende Prozesse im Unternehmen ändern, und besonders ältere Mitarbeiter und Mitarbeiterinnen hatten vor dieser Veränderung Angst.
In der Change Story bestand der Schlüsselmoment darin, dass die alten Gesetzbücher wie ein Schwarm Vögel in die Luft steigen und davonfliegen würden.
Am Tag der Gesetzesänderung stand in der Eingangshalle des Unternehmens ein Team, das die alten Gesetzbücher der Mitarbeiter und Mitarbeiterinnen in Empfang nahm und ihnen das neue aushändigte. Die alten Gesetzbücher wurden vom Team sofort aufgeklappt und mit einer Nylonschnur an der Decke befestigt. Den ganzen Tag über wurden immer mehr alte Gesetzbücher vorbeigebracht und aufgehängt und bis zum Abend sah es in der Eingangshalle wirklich so aus, als würde dort ein Schwarm Vögel fliegen.

Mit einer solchen Installation können Sie nicht nur das Wir-Gefühl stärken, indem alle Mitarbeiter und Mitarbeiterinnen die Möglichkeit haben, mit einem geringen Aufwand an einer größeren Aktion teilzunehmen. Sie können so auch die Veränderung, auf die Sie mit Ihrer Change Story zielen, in den Köpfen und Herzen verankern. Besonders dann, wenn die Mitarbeiterinnen und Mitarbeiter etwas abgeben müssen, bietet sich eine solche Aktion an. Und ganz nebenbei haben Sie sich um Fakten gekümmert, wie in diesem Fall den Austausch der Gesetzbücher.

6.19 Themenessen

Wenn Ihr Unternehmen so groß ist, dass es eine eigene Kantine hat, können Sie zu bestimmten Terminen Themenessen passend zu Ihrer Change Story anbieten. Das müssen keine ganzen Menüs sein – auch kleine Snacks eignen sich hervorragend.

Das könnte etwas sein, was gang und gäbe in der Umgebung ist, in der Ihre Change Story spielt. Spielt Ihre Change Story beispielsweise im Weltraum, könnte jeder Mitarbeiter und jede Mitarbeiterin an der Kasse der Kantine Weingummis in Raketenform oder mit einem passenden Aufdruck auf der Tüte geschenkt bekommen.

Sie könnten aber beispielsweise auch das Lieblingsgericht Ihres Protagonisten servieren lassen oder etwas, was dem Antagonisten besonders gut schmeckt. Haben Sie keine Sorge, dass Ihre Mitarbeiterinnen und Mitarbeiter sich plötzlich mit dem Antagonisten identifizieren, nur weil sie sein Lieblingsgericht mögen. Es geht dabei wieder einmal um die Freude am Detail und die kontinuierliche Beschäftigung mit der Veränderung.

Ein solches Lieblingsrezept könnten Sie auch auf der Intranetseite zum Herunterladen und Ausdrucken bereitstellen.

6.20 Hashtag

Besonders wenn Ihr Projekt größer und von außen sichtbar sein darf, lohnt sich ein Hashtag in den sozialen Medien.

Hashtag in den sozialen Medien

Ein Hersteller von Sportbekleidung etablierte für sein Projekt den Hashtag #ComeOnLetsRun. Mit diesem Projekt wollte er neue Prozesse einführen, die das Mentoring für Azubis und junge Mitarbeiter ermöglichen.
Der Hashtag passte wunderbar zur Change Story, einer Unternehmensstory, in der ein Vater in Kenia seinen Sohn für einen Laufwettkampf trainierte.
Das war natürlich auch für Menschen außerhalb des Unternehmens interessant, weil der Sportbekleidungshersteller ständig auf der Suche nach jungen Talenten war.
Er testete den Hashtag einige Tage innerhalb des Unternehmens aus und informierte die Belegschaft, dass er zu einem festgelegten Datum auch in den sozialen Medien zu finden sein werde. Am Tag des Go-live gab es sofort einige Hundert Mitarbeiter und Mitarbeiterinnen, die dem Hashtag folgten und ihn in eigenen Posts nutzten.

Sie müssen damit aber nicht zwingend nach außen gehen. Wenn Ihr Intranet die Möglichkeit zulässt, nach einem Hashtag zu suchen, lohnt sich das auch innerhalb Ihres Unternehmens.

6.21 Rituale

Rituale begleiten uns schon unser ganzes Leben lang. Manche geben dem Tag eine Struktur, wie das Zähneputzen am Abend, andere belustigen uns mit der Zeit wie die Gute-Nacht-Wünsche der Waltons. Aber eins haben sie alle gemein: Einmal etabliert erinnern wir uns lange an ein Ritual. Genau das können Sie auch für Ihr Projekt nutzen.

So könnten Sie besondere Rituale anstoßen, mit denen Meetings begonnen oder beendet werden. Oder Sie gehen als Abteilungsleiter jeden Tag mit einem Mitarbeiter oder einer Mitarbeiterin einen Kaffee trinken oder führen einen Spaziergang nach dem Mittagessen ein.

Bitte bedenken Sie, dass gerade bei Ritualen Vorsicht geboten ist. Sie sind sehr machtvoll, jedoch auch sehr schwer zu etablieren. Das liegt daran, dass ein neues Ritual schnell wie eine Anweisung anmutet. Gerade hier ist es wichtig, dass Sie das Ritual leben und nicht nur darüber sprechen. Gehen Sie also tatsächlich nach dem Mittagessen eine Runde um den Block, machen Sie regelmäßig eine Kaffeepause mit einem Mitarbeiter oder einer Mitarbeiterin und starten Sie Meetings so, wie Sie es sich vorstellen.

Sprechen Sie erst dann darüber, wenn die neue Verhaltensweise schon den ersten Kollegen aufgefallen ist. Sie werden sicher darauf angesprochen, dass sich etwas verändert hat. Dann ist der richtige Zeitpunkt, davon zu erzählen, dass Sie ein Ritual etablieren möchten.

6.22 Challenges

Wir messen uns alle gern miteinander. Wer ist größer, wer kann schneller rennen, wer hat die längere Zunge – das waren schon Fragen, die uns in unserer Kindheit bewegt haben.

Challenges können Ihre Mitarbeiter und Mitarbeiterinnen aktivieren. Dreht sich Ihre Change Story möglicherweise um eine Art von Bewegung? Dann könnten Sie beispielsweise Schrittzähler verteilen und einen Preis für denjenigen ausloben, der zu Feierabend die meisten Schritte gegangen ist.

Wissenschallenge

Die Change Story eines Unternehmens, mit dem ich vor einiger Zeit zusammengearbeitet habe, drehte sich um Forschung. Der Protagonist war ein Wissenschaftler, der mit seinen wirren Haaren sehr an Albert Einstein erinnerte. Er war auf der Suche nach einer bestimmten chemischen Formel, mit der er einen wichtigen Stoff herstellen wollte.
Wir organisierten ein Event angelehnt an ein Pubquiz mit mehreren Teams. Es wurden allerlei wissenschaftliche Fragen aus den Bereichen Mathematik, Physik und Chemie gestellt. Besondere Lacher waren jedoch die Fragen aus den Bereichen Popmusik oder Promis.

Für eine Challenge in Ihrem Unternehmen bestehen nahezu unendlich viele Möglichkeiten. Sie können eine für eine kurze Zeit aufstellen, aber auch über einen längeren Zeitraum planen und zum Beispiel einen Fitness-Monat ausrufen. Achten Sie nur darauf, dass die Challenge mit der Zeit nicht in Vergessenheit gerät, obwohl sie noch nicht abgeschlossen ist. Je länger der Zeitraum ist, desto öfter muss die Change Story die Challenge anfeuern.

6.23 Stickeralben

Als wir das erste Mal ein Stickeralbum für die Change Story eines Kunden entworfen haben, fühlte ich mich gleich in meine Kindheit zurückversetzt. Viele von uns können sich noch lebhaft daran erinnern, wie es war, die kleinen Papiertütchen voller Vorfreude aufzureißen, in der Hoffnung, endlich die letzten fehlenden Bildchen zu finden. Oder an die Begeisterung, wenn in dem Stapel neuer Klebebildchen plötzlich eins mit einer glitzernden Oberfläche versteckt war.

Ein Stickeralbum für eine Change Story verbindet gleich mehrere Elemente, mit denen Sie die Empfänger Ihrer Story ansprechen können. Zum einen ist das natürlich die eben erwähnte Tatsache, dass viele Mitarbeiterinnen und Mitarbeiter Stickeralben noch aus ihrer Kindheit kennen und sich gern daran erinnern.

Ein anderer Punkt ist der Austausch untereinander. Um sein eigenes Klebeheft zu vervollständigen, ist man irgendwann gezwungen, mit Kollegen und Kolleginnen Kontakt aufzunehmen und Bilder zu tauschen. Dabei können ganz neue Verhandlungsstrategien entdeckt werden, besonders wenn es sich um wertvolle und rare Klebebilder handelt.

Und nicht zuletzt ist es unser unbändiger Wunsch, unser Klebeheft endlich voll zu bekommen. Wir nehmen es immer wieder und wieder in die Hand und kennen die Nummern der fehlenden Bilder auswendig. Das bedeutet, dass sich die Nutzer immer und immer wieder mit der Change Story und der Veränderung an sich auseinandersetzen.

Mit einem Stickeralbum werden für viele Nutzer alte und geliebte Erinnerungen wach.

7 Abschlussgedanken

Mit diesem Buch halten Sie nun die Erkenntnisse aus den letzten zehn Jahren, in denen ich Change-Projekte unterstützt habe, in den Händen. Ich hoffe, es hat Sie vom Konzept des Storytellings für Ihr Change-Projekt genauso begeistert, wie ich es jedes Mal wieder bin.

Eine Veränderung zu koordinieren und kommunikativ zu begleiten bedeutet eine große Verantwortung. Wir sind als Changemaker dafür verantwortlich, wie Menschen die Zukunft sehen. In unseren Händen liegt es, ob sich Kollegen und Kolleginnen auch morgen noch wohlfühlen bei ihrer Arbeit, ob sie sich geschätzt und gebraucht fühlen und morgens gern aufstehen.

Bitte achten Sie deswegen immer darauf, mit Ihrer Change Story zu motivieren – und nicht zu manipulieren. Geschichten haben das Zeug dazu – das steht völlig außer Frage. Sie können Berge versetzen und Meere austrocknen. Gehen Sie mit dieser Macht behutsam um.

Zehn Jahre Storytelling in Change-Projekten – das bedeutet 3.650 Tage, die ich mich mit diesem Thema auseinandergesetzt habe. Vieles ist für mich selbstverständlich geworden, was für frische Change-Story-Teller ganz neu ist. Sollte ich in diesem Buch zu schnell vorangetrabt sein, sprechen Sie mich an. Die meisten Fragen lassen sich wahrscheinlich bei einem (virtuellen) Kaffee beantworten. Vereinbaren Sie einfach einen Termin mit mir unter www.change-storys.de/termin.

Literaturempfehlungen

Berger, Jonah: Contagious: Why things catch on. Simon & Schuster, 2013

Gladwell, Malcom: The Tipping Point: How little things can make a big difference. Independently published, 2022

Heath, Chip; Heath, Dan: Made to stick – Why some ideas survive and others die. Random House Trade Paperbacks, 2010

Moesslang, Michael: Facts tell, Storys sell: Mit Storytelling wirkungsvoll präsentieren, überzeugen und verkaufen. Remote Verlag, 2020

Movshovitz, Dean: Pixar Storytelling: Rules for effective storytelling based on Pixar's greatest films. Independently published, 2015

Pyczak, Thomas: Tell me! Wie Sie mit Storytelling überzeugen. Rheinwerk Computing, 2017

Sammer, Petra: Storytelling: Strategien und Best Practices für PR und Marketing. O'Reilly, 2. Auflage, 2017

Stichwortverzeichnis

Die Autorin

Stephanie Selmer macht Unternehmen fit für den Change. Geboren 1979 und aufgewachsen in Nordrhein-Westfalen, hat sie die Veränderung einer ganzen Region hautnah miterlebt.

Seit 2010 ist sie Unternehmerin, Rednerin und Expertin für Veränderungskommunikation. In einer immer lauter und schneller werdenden Welt entwickelt sie Kommunikationskonzepte, die bei den Empfängern ankommen. Auf ihr Wissen und ihre Erfahrung vertrauen Unternehmen vom soliden Mittelständler bis zum Konzern. In den vergangenen zwölf Jahren hat sie so über 275.000 Mitarbeiter und Mitarbeiterinnen durch Veränderungsprozesse begleitet.

In ihrer Arbeit hat Storytelling mit der Zeit immer größere Anwendung gefunden. Mit dem von ihr entwickelten Modell, dem Change-Story-Framework, gibt sie die Möglichkeit, Storytelling unkompliziert für eigene Projekte zu nutzen, an Unternehmen und Change-Berater weiter.